北京市科学技术协会
科普创作出版资金资助

寻金有道

——探寻黄金的前世今生

张 颖 杨帅斌 史冬青 张 虹 著

北京航空航天大学出版社
BEIHANG UNIVERSITY PRESS

内 容 简 介

本书从地质科学的角度出发,以探索黄金的"前世今生"为主线,用六部分内容分别讲述黄金如何在宇宙中形成,如何"长途跋涉"来到地球成为金矿的源头,如何被"搬运"到合适的地方,如何经历内外环境的作用而产生变化,又是如何经历岁月洗礼最终形成金矿,并被人类发现和开采利用的过程。

本书适合具有初中及以上文化程度的青少年阅读,也可以作为地球科学爱好者的兴趣读物。

图书在版编目(CIP)数据

寻金有道:探寻黄金的前世今生 / 张颖等著. --
北京:北京航空航天大学出版社,2021.11
ISBN 978-7-5124-3650-3

Ⅰ.①寻⋯ Ⅱ.①张⋯ Ⅲ.①金矿床−研究−山东
Ⅳ.① P618.51

中国版本图书馆 CIP 数据核字(2021)第 236717 号

寻金有道——探寻黄金的前世今生

张 颖 杨帅斌 史冬青 张 虹 著

策划编辑 蔡 喆 赵延永 责任编辑 陈守平
*
北京航空航天大学出版社出版发行

北京市海淀区学院路 37 号(邮编 100191)http://www.buaapress.com.cn
发行部电话:(010)82317024   传真:(010)82328026
读者信箱:goodtextbook@126.com   邮购电话:(010)82316936
北京瑞禾彩色印刷有限公司印装 各地书店经销
*
开本:710×1 000 1/16 印张:10.5 字数:125 千字
2021 年 11 月第 1 版 2021 年 11 月第 1 次印刷
ISBN 978-7-5124-3650-3 定价:59.00 元

前　言

千百年来，人类被黄金独有的特性所吸引，始终在寻金路上不懈求索。然而，正所谓"寻金有道"，想要了解黄金的前世今生，就必须要把目光放到遥远的宇宙当中，始于科学，忠于科学，从科学的角度出发，去探究和探索黄金的形成过程。

撷诸漫漫寻金史，早在远古时期，黄金便已在宇宙中形成。本书以溯源黄金的生成为起点，向读者讲述黄金跨越亿万年时空的奇妙旅程：它们如何"长途跋涉"不远万里来到地球？又是因何原因成为金矿的源头？它们经过怎样的历程被"搬运"到合适的地方、在富集过程中又产生了怎样的变化？这个"长征路"到底是有多么"坎坷"？未经人工雕琢前的黄金是什么模样？黄金究竟有哪些用途？相信读到最后，读者会留下属于自己的思考。

古人云："千淘万漉虽辛苦，吹尽狂沙始到金"。寻找黄金的过程是艰辛的，从苍茫海底到戈壁荒漠，从清溪巉岩到烈焰火山，人类在漫长岁月中，跨越天文学、地质学、地理学、物理学、测量学、工程学、生物学、化学等众多学科，制造了为数众多的寻金测量勘探工具，摸索出许多切实可行的科学探究方法，形成了成矿系统理论学说，一步步地揭开了黄金的神秘面纱。

可以说，黄金成矿系统理论的形成，绝不仅仅是靠科学知识本身，更多的是在长期科学研究过程中所积累的科学思想、科学方法和科学精神综合作用的结果。本书试图将实践探索与理论分析相结合，客观讲述地质工作者观测、考察、实验等寻金的方法和过程，并且通过科学家们在寻金的研究过程中产生的学术争论甚至是尚未找到定论的科学问题，引发读者展开深入思考，激发青少年探索科学奥秘的兴趣，启迪其科学梦想和创新精神，使他们学会用科学的思想和方法观察世界。

《寻金有道——探寻黄金的前世今生》一书，表达了对宇宙万物的敬畏，更表达了对所有为寻找黄金付出努力的地质工作者的崇敬。回首是筚路蓝缕的寻金史，前望是技术发展的新未来。一路走来，地质工作者们始终在危险艰辛的边缘上坚守，在功利浮躁的喧嚣里坚持。在这里，读懂黄金，在这里，致敬科研"寻金人"。

本书的编写得到中国地质大学（北京）邱昆峰教授及其学生的大力支持，高楚楚同学为本书的编辑校对工作也付出了很多努力，在此一并表示衷心感谢。

作为科研成果科普化的初次尝试，本书稿还存在诸多不足之处，我们诚恳接受各位读者的批评指正，并将努力不断地完善改进。

编　者

2021 年 9 月

目 录

索 引

引 言

一提到黄金，也许你想到的会是商城里琳琅满目的黄金首饰，但是，在此之前，黄金经历过怎样不为人知的故事？这些奇幻的故事又被默默地记录在了哪里？

通过这本书，你将了解到，从古至今，为了找到金矿，人类前赴后继、翻越高山、深入洞穴，从地球混沌之初，到科技繁荣的今天，不断探寻黄金的来源，探索它到来的轨迹，探究它形成的过程和规律。

千百年来，古老黄金的故事被年轻的人类一遍遍书写，你可以欣赏黄金的高贵品质，也可以谴责它对人心的蛊惑，然而在科学家眼里，黄金和众多的岩石矿物一样，都只是地球大家庭里一个普普通通的成员，诞生于茫茫宇宙中的星体碰撞，在地球内部随波逐流。可以说，黄金与人类的相遇只是一个偶然，毕竟，人类引以为傲的辉煌文明，与黄金亿万年的漫长旅途相比，不过是一粒小小的尘埃。

一切源于对黄金的执着

人类对黄金的执着由来已久，无论是几千年前的古老黄金，还是如今贵金属家族的翘楚，人类始终为了寻求它们而上下求索。在这些孜孜不倦的追求背后，人们看中的究竟是黄金的哪些特质呢？为了能找到更多的金矿，人类又付出了怎样的努力？

货币天然是黄金

随着商业活动的不断发展，货币成了人类社会生活和生产活动中非常重要的工具。它不仅可以购买多种多样的生产和生活物资，同时也极大提高了人们的交换效率。虽然黄金的用途很多，并不单单可被用作货币，但从货币诞生的那天起，黄金就成为了货币的最佳代表。披着货币外衣的黄金，想不被人类喜欢都难。

 知识金库

黄金

金是一种金属元素，元素符号是 Au，原子序数是 79。金的元素符号 Au 来自金的拉丁文名称 Aurum，是"灿烂的黎明"的意思。在自然界中，金以单质的形式（金块或金粒）出现于岩石、地下矿脉及冲积层中，长久以来被用作货币，也常常被用于各类保值物及珠宝制作。

黄金是化学元素金的单质形式，是一种稀有的贵金属，又名"金""金子"，英文名是 Gold。

黄金的特点

黄金具有金黄色的金属光泽，是热和电的良导体，密度为 19.3g/cm^3，熔点为 1064.4℃。在室温下为固体，密度高、质地柔软，是延展性最好的金属之一，能压成薄箔；化学性质稳定，具有很强的抗腐蚀性，从常温到高温一般均不氧化，自然状态下几乎不和任何物质发生化学反应。

6600年前的瓦尔纳黄金

黄金制作的牛羊栩栩如生，金项链、金手镯做工考究，纯金器皿工艺精细，此外，还有一堆堆金珠和金箔，统计下来共约3000件黄金器物，总重量达6.5千克。这些沉睡在地下多年的精美黄金器具如同举世罕见的珍宝，让人们无比惊叹，并引起了国际考古界的轰动。由此可见，早在6000多年前，人类便已经喜爱上了黄金，并掌握了高超的黄金加工技艺。

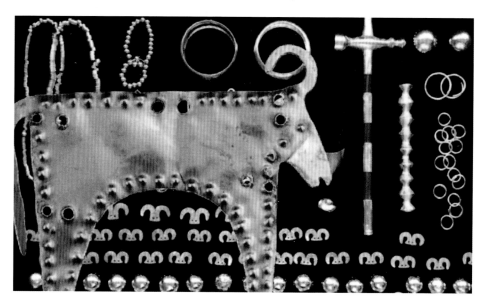

瓦尔纳墓葬中的黄金制品，公元前4590—前4340年

虽然这批珍贵的黄金十分少见，但是，发现它们的过程却十分偶然。1972年10月，在保加利亚瓦尔纳市东部郊区的建筑工地上，伴随着隆隆的轰鸣声，正在工作的机器挖出了一道道沟槽，本想要铺设地下电缆的工人们却在无意间发现了一些黄金饰物，由此使这些沉睡了近七千年的黄金得以重见天日。

瓦尔纳 4 号墓中的黄金制品，公元前 4590—前 4340 年

　　考古学家伊万诺夫长期专注于当地的文史古迹研究，凭借着丰富的考古经验和职业的敏感度，他意识到这个发现的重要性，并带领考古团队对瓦尔纳墓葬进行了抢救性挖掘。由于长期作为引领者参与这项考古挖掘工作，伊万诺夫博士也被人们称为"黄金伊万"。在前后二十余年时间里，考古学家们在瓦尔纳的 294 个墓葬中发现了大量黄金器物，并通过碳 14 测年方法，确定了这批黄金器物的加工年代——距今大约 6600 年。这些金首饰是迄今为止被挖掘出的最早的经过加工的黄金饰品，也是人类最古老的黄金饰物，被称为瓦尔纳黄金宝藏（the GOLD of Varna

知识金库

碳 14 测年（Carbon-14 dating）

又称"碳-14 年代测定法"或"放射性碳定年法（Radiocarbon dating）"，是根据碳 14 的衰变程度来计算出样品大致年代的一种测量方法。20 世纪 40 年代，碳 14 测年法由时任美国芝加哥大学教授的威拉得·利比（Willard Frank Libby）发明，威拉得·利比因此获得 1960 年诺贝尔化学奖。

碳 14 的衰变需要几千年，正是大自然的这种神奇，决定了放射性碳定年的基本原理，使碳 14 分析成为揭示过去的有力工具。在放射性碳定年过程中，首先分析样品中遗留的碳 14，碳 14 的比例可以说明自样品源死亡后流逝的时间。碳 14 定年迄今仍是一项强大可靠、广泛适用的技术，对于考古学家和其他科学家来说极其宝贵。

Cemetery）。

瓦尔纳墓葬的黄金一经问世便备受世人关注，多年来，关于瓦尔纳墓葬里黄金的疑惑一直都存在：墓里面如此之多的黄金都是用来做什么的呢？那个年代又是怎样的人物才能享有这样的待遇呢？

从考古学家们挖掘出的 3000 多件共 38 个类别的黄金器物中我们可以看到，其中的一些墓葬中既有用来缝在衣服上的金盘，也有用来作为配饰的金珠链和金手镯，甚至还有象征宗教权力的金权杖；然而，在另外一些墓葬中，即使是最简单的随葬品也并不存在。由此可见，早在 6000 多年前的社会里就已经出现了明显的社会财富阶层分化。在那个年代，

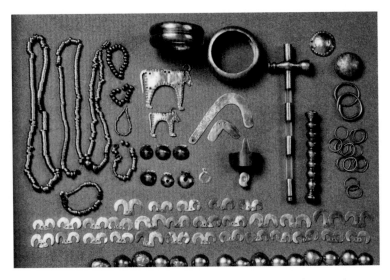

瓦尔纳 36 号墓中的黄金制品，公元前 4590—前 4340 年

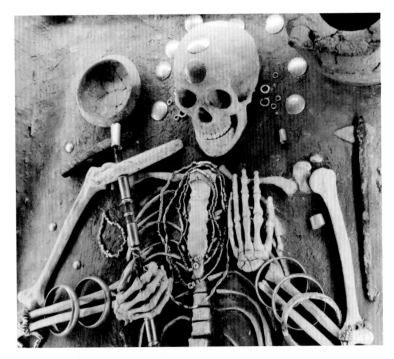

瓦尔纳墓葬中的黄金制品，公元前 4590—前 4340 年

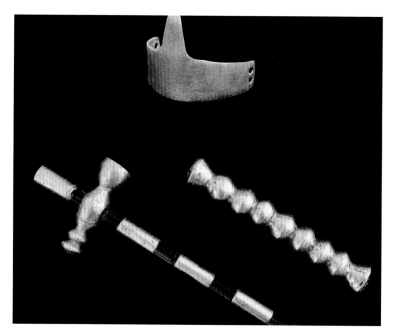

瓦尔纳墓葬中的黄金制品，公元前 4590—前 4340 年

稀有罕见的黄金器物并非人人可轻易使用，考古学家们认为，此墓的主人必定是一位地位显赫的首领，因此这位神秘的墓主人也被考古学家称作"瓦尔纳之王"。

无独有偶，我国大量考古的发现也充分证明，古代地位较高、身份尊贵人物的墓葬中也都存在大量陪葬的黄金饰物。2011 年，在江西省南昌市新建区大塘坪乡观西村，考古学家们发现了汉代海昏侯刘贺墓，这也是目前为止中国发现的面积最大、保存最好、内涵最丰富的汉代列侯等级的墓葬。在这座墓葬中，前前后后共出土了金器近 480 件，总重大约120 千克，其中包括马蹄金、麟趾金、金饼等，它们数量惊人、制作精良，由此看来，人类利用黄金的历史久远到超乎想象。

海昏侯墓中的黄金制品

早在 6600 年前，瓦尔纳湖还与黑海连在一起，并且形成了一个天然的避风港，它也是连接亚、欧、非三大洲重要的交通枢纽，四面八方而来的货物与财富在这里聚集，从而催生出灿烂的文明，甚至繁华到能够用黄金来做注脚。虽然在几百年后，瓦尔纳人不知因何故消失在漫漫的历史长河中，但黄金的使用却依然在人类社会中久盛不衰。

吕底亚人的试金石

又过了大约 4000 年，在距离保加利亚瓦尔纳不远的土耳其海峡对岸，出现了人类历史上第一个将黄金作为货币的国家——吕底亚王国。由于这里有着丰富的金矿可供铸造钱币，因此目前已知最早的吕底亚金币便出现于吕底亚王克洛伊索斯之父——阿利亚特的时代。利用这里得天独厚的资源条件，吕底亚人不仅制定了相应的货币体系，还发现并推广使用了影响更为深远的试金石。

试金石是吕底亚人极具智慧的发明成果。实际上，它就是一种又黑又硬的石头，只需用黄金在上面轻轻一划，就能看到黄色的线条。这种由于黄金在试金石上划动而留下来的痕迹，在矿物学上被称为条痕。不同的矿物划出来的条痕都有着相应的颜色特征，而且不一定和肉眼看到的矿物颜色一致，比如黄铁矿划出的条痕颜色就是绿黑色。以矿物末（条痕）的颜色来区别矿物，是矿物野外鉴定最直接、最方便的方法，也是现代矿物学中常用的方法。试金石颜色越深、越光滑平整，划出来的条痕便会越清楚。像黄金这种质地比较软的矿物，非常容易在试金石上划出条痕，人们根据条痕的颜色、光泽等特征，与一系列"对金牌"上的颜色、光泽相对比，就能大致判断出黄金的成色，其原理实际上就是根据条痕的反射率和色泽的差别来判断，故有"平看色，斜看光"的试金口诀。

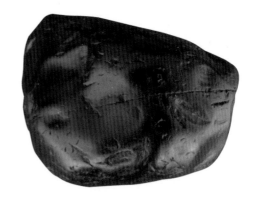

试金石

　　为何吕底亚人要如此耗费心思，通过试金石来判断黄金的成色呢？究其原因，主要还是因为那时的黄金需要作为货币大量流通，不得不对其品质等各方面严格把关。由于当时的货币经常会印上一只具有当地特色并且象征王室的狮子头像，因此也被称为狮币。这样的狮币大约含 54% 的金和 46% 的银，重量约 4.74 克，直径约 11 毫米。我们要知道，只有把含量、重量等规格固定下来，黄金才能成为合格的货币，这直接决定了它能够买到什么样的货物。同样，我们中国的"秦半两""汉五铢"等也是通过"两""铢"这样的固定重量单位来标定钱币价值的。

吕底亚人的货币——狮币

和吕底亚王国处于同一时代，再往东走，同样有一个著名的国家，这个国家在当时非常有实力，那就是巴比伦王国。由于吕底亚王国对黄金的使用较为成熟，因此巴比伦王国也效仿吕底亚，用黄金铸造货币，并且制定了自己的一套货币体系。随着巴比伦王国被波斯所灭，这套货币体系也被波斯帝国继承，并对后世产生了极大的影响。

伴随着黄金作为货币流通工具的进程，历史上用试金石来鉴定黄金成色的方法也广为流行。即便是现在，仍然有一些银行和金店的从业人员利用这种方法来对黄金的质量和纯度进行鉴定。不过，随着时代的发展和科学技术的进步，这种方式检验的准确度已经无法与先进的检测仪器相提并论了。唯一不变的是，黄金作为财富的象征，在各个时代都始终保持着坚挺的地位。

知识金库

试金石

试金石是指一种可用来鉴别黄金的石块，一般致密坚硬，呈黑色。用作试金石的石块大都是致密坚硬的黑色硅质岩，如硅质板岩、燧石岩等。新疆的古宗金铜遗址附近的暗色硅质岩卵石，戈壁滩上俗称"沙漠漆"的风成带棱石的暗色硅质岩，以及南京的黑色雨花石等，经过磨制都可加工成为很好的试金石。试金石形态各异，有的圆润如鹅卵，有的布满波纹状的坑凹起伏，有的留有如同人指甲掐过的痕迹。

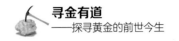
排水沟里的楚国金币

1982年2月10日，江苏的一位农民在清理排水沟的淤泥时发现了意外的惊喜。这位农民一铁锹下去，触感却不同寻常——他挖出了一个破铜盆，仔细一看，这个其貌不扬被淤泥所沾染的铜盆里竟然还有一个金光闪闪的金兽，在金兽的底部还发现了几块金币。随后，以此处为中心，附近不远处又被挖出不少金币。为更好地保护文物，南京博物院在第一时间将这批国宝收藏入馆。经过相关专家学者仔细地研究，他们发现，这些出土自排水沟淤泥里的金币正是距今大约2500年前、中国古代最早的黄金货币——郢爰（读音：yǐng yuán）。原来，黄金在世界各地逐步成为货币、大放异彩的同时，中国最早的黄金货币也闪亮登场。这和当时楚国境内黄金资源丰富有关。正是由于当时楚国境内拥有极为丰富的黄金资源，因此楚国是春秋战国时期唯一盛行黄金铸币的国家。

郢爰也称作爰金，是我国目前所发现的最早的黄金铸币。"郢"是楚国都城的名字，"爰"是这一货币的重量单位，约等于斤，即500克，含金量能达到93%~97%。它的形状有两种，一种是又扁又圆的饼形，比较少见，有的空心、有的实心；另一种则较为常见，是正方形和长方形的版形，同时，上面还刻有"郢爰""融爰""卢爰""隔爰""覃爰"等文字，前面的第一个字指代产地的名字，其中印有"郢爰"字样的是楚金币中至今出现时代最早、出土量最多的一种。郢爰金币在众多的古代金币中拥有着极其重要的历史文化价值，也是我国的一级文物，对于考古学家研究楚文化也发挥了一定的作用。

据有关文献考证，这种货币主要在楚国的上层社会流通，并且也多用

楚国的货币——郢爰

于王侯赏赐、大型礼聘及贸易，在日常生活中并不常见。一版大的郢爰由很多小块郢爰组成，就像现在的平板状巧克力一样，用的时候根据需要先将它切成小块，再放到天平上称重，并根据重量的多少来使用。因此，这也造成了现在出土的许多郢爰都是碎块，有大有小，重量不一，并且还能看到明显的切割痕迹。

张子曰："王无求于晋国乎？"王曰："黄金珠玑犀象出于楚，寡人无求于晋国。"——《战国策·卷十六·楚三》有这样短短两句话，便足以窥见楚王的自信与气魄，而这自信的来源，正是楚国国库殷实的黄金储备，而这也为楚国在春秋战国时期立于七霸之列打下了坚实基础。

黄金的高光时代

穿越奔流不息的历史长河，随着欧美经济的快速发展，在英镑和美元的狂热加持下，黄金终于迎来了它最为辉煌的时代。由于英镑和美元都可以和黄金进行兑换，因此这也就意味着黄金的重要性被再次确认。而科学技术日新月异的发展和不断更迭，也给黄金创造了更大的舞台，使黄金有了更广阔的用武之地。20世纪初，黄金不再单一地作为货币流通，而是开始广泛运用在工业、医疗及高科技这些新兴领域，从而再一次迎来了它的高光时代。

现如今，世界上各个国家都将黄金视作重要的战略性储备资源，并始终予以黄金最大程度的重视和关注。早在2018年，全球央行购买了有记录以来最多的黄金，而这种强劲的购买行为一直持续到2020年。

截至目前，我国黄金产量已连续13年位居全球第一、黄金储量位居世界第二。据统计，2020 年，我国黄金产量 365.34 吨，黄金消费量 820.98 吨，其中，黄金首饰消费 490.58 吨，金条及金币消费 246.59 吨，工业及其他用金消费 83.81 吨。如果按照当前金价计算，那么我国居民全年黄金消费量折合人民币高达 3000 多亿，其中黄金首饰与金条等消费折合人民币 2700 多亿。

 知识金库

现代黄金的计量单位

（1）重量计量：黄金重量的主要计量单位有盎司、克、千克（公斤）、吨等。国际上常用的计量单位是盎司，世界黄金价格也是以盎司为计价单位（其中 1 盎司 =31.103481 克）。

（2）纯度计量：黄金及黄金制品的纯度称为"成色"，市场上黄金制品的成色标示主要有百分比和 K 金两种，如 G999 和 G24K 等。所谓 K 金的 K 是德文 Karat 的缩写，每 1K 的含金量为 4.166%。市面上常见的 12K、18K 和 24K 的含金量分别为

12K=12 × 4.166%=49.992%

18K=18 × 4.166%=74.998%

24K=24 × 4.166%=99.984%

其中 24K 金通常是人们认为的纯金，但实际含金量为 99.98%，精确表述应为 23.988K。

（3）数字表达纯度：有的黄金制品上会有数字标记，规定为足金的，即含金量不小于 99%。若金饰上标注 9999，则为 99.99% 的纯度；若标注 9995，则纯度为 99.95%。

黄金

可以看到，不管是古代，还是当代，黄金在人类心目中始终具有不可撼动的地位。一旦遭遇政局动荡、战争频发等天灾人祸，黄金由于价值稳定，往往被视作保值避险的最佳选择，这也足以可见人们对黄金坚定的信心。不过，由于黄金不方便携带、运输途中容易造成损耗等原因，在古代作为货币流通的黄金现在已经渐渐失去了其作为货币的流通功能，更多地被用来作为贵金属收藏投资，或是在高新技术产业中应用，或是以首饰工艺品的身份继续活跃在珠宝行业的舞台上。虽然转换了不同的身份，但黄金始终是人们热切关注和不断追逐的焦点。

黄金到底哪里好？

从古至今，人类选择黄金并非偶然的现象，而是人们通过多次对比得出的结论。那么，黄金身上究竟有着怎样的品质？为何能在漫长的人类历史中长期被人类所喜爱？这就要从黄金的多种物理化学属性说起，正是由于这些属性，才让黄金拥有了尊贵的地位。

真金不怕火炼

人们常说，"真金不怕火炼"，那么为什么好好的黄金要用火烤来鉴定真假呢？这种古代流传下来检验黄金的方法其实也恰恰反映了黄金具有非常稳定的特性。这里所说的"不怕火炼"，并不是说金子不能被加热熔化，而是指黄金即使用火烤，也并不会像其他金属一样，发生化学反应变成其他物质。

在古代，为牟取更多利益，常常有人利用铜和其他金属来伪造黄金。此外，还有人在山里发现了一种和黄金长得十分相似的矿物，即黄铁矿。黄铁矿是铁的二硫化物，外观呈浅黄铜色和明亮的金属光泽，因其拥有与黄金相似的、金灿灿的外表，常常被人误认为是黄金，又被称为"愚人金"。铁和铜等金属在加热后，会与空气中的氧气发生化学反应，从而形成新的氧化物，颜色自然就会发生改变，而黄金则在加热后依旧金光闪闪毫不变色。因此，经过"火炼"的考验，谁是真金自然一目了然。

所以仅从化学稳定性这一点来说，黄金就已经超越了一众金属矿物，这也使其在众多金属中脱颖而出。不过，在日常生活中，大家千万不要无事将自己的金项链、金戒指等黄金制品放到火上烤，即使黄金不会变色，但是变形的风险依然是存在的。

知识金库

氧化物

氧化物（Oxide）属于化合物，广义上是指氧元素与另外一种化学元素组成的二元化合物，如二氧化碳（CO_2）、氧化钙（CaO）、一氧化碳（CO）等。其组成中只含两种元素，其中一种一定为氧元素，另一种若为金属元素，则称为金属氧化物。若另一种不为金属元素，则称之为非金属氧化物。但氧与电负性更大的氟结合形成的化合物则一般称为氟化物而不是氧化物。

金饰品

熔金槽中高温熔化为金水

冷却后形成金条

全球到底有多少黄金？

黄金的珍贵并不只在于它的稳定性，还有一个非常重要的原因就是黄金在地球上的储量非常稀少。像金这样的重金属元素，由于形成难度非常大，需要中子星这种宇宙中除黑洞外密度最大的星体相互碰撞才能形成，因此黄金在整个宇宙中所占的比例也是极少的，在地球上则更是倍加稀有和珍贵。

知识金库

黄金的稀缺性与应用

据相关记录，黄金全球累计存量仅有 150 000 吨，每年的产量不到存量的 2%，即 2 000 多吨。黄金可用作首饰，也可用于仪器仪表，用在电子工业、航空航天、化学工业及医学等领域。

那么，人类究竟是如何知道地球上到底存在多少黄金的呢？这其实和测算地球上其他元素含量的方法一样。科学家采集了来自世界各地的多类岩石，并仔细测出这些岩石中各种元素的含量，随后再对从成千上万个岩石样品中所测算出来的各种化学元素进行统计和分析，最终得出一个能够代表在一定自然体系（通常为地壳）中化学元素的相对平均含量的数值表，这些数值被称作元素丰度。

1889 年，美国化学家弗兰克·威格尔斯沃斯·克拉克第一次对岩石中的化学元素进行了系统性研究，并发表了第一篇关于地球各类化学元素分布情况的论文。他虽然没有亲自采集和测验成千上万的岩石样品，但是，当时已经有许多科学家对来自地球不同地方的岩石的化学元素含量进行了测定，并公开发表了大量数据，克拉克综合分析了其他科学家的研究成果，并采集了世界各地的 5159 个岩石样品的化学分析数据，最终求出了大约 16 千米厚的地壳内 50 种元素的含量，即地壳元素丰度。为表彰克拉克的卓越贡献，国际地质学会将地壳元素丰度命名为克拉克值。

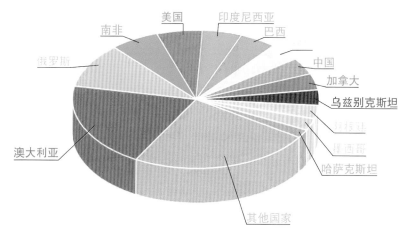

世界金矿储量示意图

随着科学技术的不断发展，关于组成岩石的化学元素的测定资料更加丰富，计算方法也在不断改进。如今，人类已经能够更加准确地测定地壳中金的元素丰度。目前的研究成果认为，如果把大约 16 千米厚的地壳总质量分成 10 亿份，那么金的总质量只能占到其中的 1 份到 4 份，由此可见黄金极为罕见和稀缺，所谓"物以稀为贵"，黄金就是一个最好的例子。

 知识金库

现代黄金有哪些

¥ 实物黄金

（1）黄金首饰：包括戒指、项链、吊坠等纯金或 K 金等饰品。

（2）金条：包括纪念金条，如贺岁金条、奥运金条、中国工商银行发行的如意金条、中金投资有限公司发行的中金金条等。

（3）金币：纯金币和纪念性金币。纯金币主要为满足集币爱好者收藏，具有保值功能；纪念性金币由于较大的溢价幅度，因此具有比较大的增值潜力，收藏投资价值远大于纯金币。

¥ 纸黄金

纸黄金又称为黄金单证，是黄金所有人持有的，只是一张物权凭证而不是黄金实物，其所有人凭这张凭证可随时提取或支配黄金实物，这种黄金物权凭证就被称为纸黄金。

¥ 黄金股票

黄金股票是指股票市场中的板块分类，是黄金投资的延伸产品。黄金股票就是黄金公司向社会公开发行的上市或不上市的股票，所以又可称为金矿公司股票。

在黄金股票中还有一种被称为磐泥黄金股票的投资行为，是指投资于可能含有沙金成分河床或矿金成分山地的，但还未被开发证实的股份公司所发行的股票。

小小电子的威力

黄金除了稳定和稀缺的特点之外，还有更抓人眼球的特点，那就是它金灿灿的光芒。矿物学上将黄金所呈现出的这种闪亮的光泽称作金属光泽，而金属光泽之所以能够产生，与黄金内部的小小电子密切相关。

在黄金内部存在着大量的电子，相对于其他电子只能老老实实地待在原子核周围的状态，这些电子拥有很大的自由度，它们可以到处移动，因此也被称作自由电子。这些电子虽然小，却很密集，就如同一片汪洋大海。一旦通上电流，这些电子就可以快速流动，因此，黄金的导电性非常好。除导电性之外，这片"电子海"还有许多其他功能。

当光照射到黄金表面时，首先会被"电子海"吸收，随后"电子海"再将其释放出来，而强大的"电子海"，能够吸收并产生大量的可见光，最终显示出的效果就是将大量的可见光反射回来，所以能够产生非常耀眼的金属光泽。大部分的金属都有大量的"电子海"，因而都能呈现出这样的金属光泽，我们常用的镜子之所以看起来非常亮，也是因为里面的

知识金库

蓝光（blue laser）

蓝光是波长处于 400 纳米 ~500 纳米的可见光。它广泛存在于自然界中，像我们室外的阳光以及电脑显示屏、手机、荧光灯、LED 等光线中都存在蓝光。它又分长波蓝光和短波蓝光。

蓝光并不都是有害蓝光，真正有害的是波长 400 纳米到 450 纳米以内的蓝光，而且和照射强度与照射时间有关，当照度达到一定程度后、持续两个小时以上，才有可能对视网膜产生损害。

金属物质产生的金属光泽。不过，黄金反射蓝光的能力很有限，只能将蓝光以外的其他光线反射出来。

此外，当黄金受到外力击打并发生变形时，电子海中的自由电子也能迅速移动到相应的位置，去填补原子核移动留下的空缺，从而使黄金不会轻易断开。这样的特性使黄金具有非常好的延展性，从而使黄金可以被加工成各式各样、工艺精细的艺术品。

手机也能拿来炼金？

正是因为黄金拥有上述诸多优点，使得它成为倍受人们青睐的贵金属。除了成为财富的象征之外，由于其稳定性、导电性和延展性均非常好，黄金也成为工业、医疗、高科技领域的重要原材料，甚至在大家手中的手机里也存在不少黄金制作的零部件。

据统计，一部智能手机中的黄金含量大约为 0.03 克，这些黄金主要存在于电路板和其他内部配件中。虽然 0.03 克听起来似乎非常少，但如果做个比较，我们便会发现，一吨智能手机中所含的黄金量是一吨金矿中所含黄金量的 300 倍！2015 年，苹果公司通过回收旧电脑和智能手机，获得了超过 6100 万磅（2.77 万吨）的钢、铝、玻璃和其他材料，与此同时，通过对这些旧电脑及手机的再加工，苹果公司还获得了 2204 磅（将近一吨）的黄金。如果以每盎司黄金 1229.80 美元的价格计算，苹果公司仅仅通过回收旧电脑和智能手机，就获得了价值近 4000 万美元的黄金，折合人民币大约 2.6 亿元！

不过，从手机里提炼黄金并非人人都可以做到，这个过程需要不少专

黄金工艺品——金树叶

黄金饰品

镇金工艺品

业设备的投入，小规模的提炼必定会导致亏本，对于环境的污染也非常大，如果想靠着一个小作坊来从手机里面提炼黄金，从而发家致富，这是不可能实现的。

实际上，手机只是黄金在科技领域应用的冰山一角。由于黄金具有良好的导电性、导热性、抗腐蚀性和抗拉、抗磨的性能，因此被大量运用于航空航天、电子电气等领域，并成为各个国家的重要战略资源。

 知识金库

鉴别黄金的方法

（1）火烧法："真金不怕火炼"，将首饰经高温火烧冷却后，黄金仍是金黄色且不变形。如果火烧变成黑色，就不是真金或有其他金属掺入。

（2）掂重法：黄金的密度是 19.3 g/cm^3，远高于银、铜、锡等金属的密度，因此相同体积的黄金要比银、铜等金属重很多。

（3）眼观法：黄金具有耀眼的金黄色，其光泽和颜色是经久不衰的，成色越低则颜色越差，即人们常说的"七青、八黄、九带赤，四六不呈金"。

（4）听音法：听声音辨成分，首饰从高处自然坠落，若发出"叭嗒"的声音，且有声、无韵、无弹力，则是纯度较高的黄金，如果声音沉、韵长、弹力大，说明成色不高，首饰中含其他金属成分较多。

（5）牙咬法：黄金硬度低，比较软，用牙齿咬就会有痕迹，黄金的成色越高就越软，其他黄金仿制品没有这个特点。

甘肃李坝金矿野外科考

甘肃李坝金矿野外科考

来自远古宇宙的馈赠

目前，科学界普遍认为，黄金主要来自超新星碰撞，或者来自中子星合并。无论是超新星，还是中子星，距离我们都是十分遥远的。那么，关于地球上的黄金到底来自何处这个问题，在人们步入现代科技之前，又会有什么样的学说和理论？

来自猛烈的超新星爆发？

实际上，在一开始，人们并不知道金元素到底从何而来，因此，人们便结合自己的生活常识来猜测金的来源。

　　看到庄稼能从土地里生长出来，古人们通过类比认为，金子和庄稼一样，也是从土地里面产生的。中国古代的五行学说里面也有类似的说法，五行中，金、木、水、火、土这五种元素之间相生相克，并且可以相互转化，这可以算作是古人对于金元素来源的一些探索与大胆猜测。除了金元素是从土地里生长出来的说法之外，由于人们生活的地球经常会有地壳变动和构造运动，后来的人们顺理成章地认为，金和地球上的其他

超新星爆发（模拟图）

岩石矿物别无两样，可能是经过构造运动不断地挤压以及加热而逐渐形成的。

然而，随着人类科学技术的高速发展，尤其是物理学和天文学的极大进步，人们发现，金元素的形成其实跟地球本身并没有太大的关系，它完全是一位彻彻底底的"天外来客"，早在来到地球之前，它就已经是金元素了。

现代科学研究认为，当宇宙从一次大爆炸诞生时，宇宙中只存在氢和氦两种元素，而其他的重元素（天文学中，把除氢和氦以外的所有元素都叫重元素）都是在宇宙诞生后，通过恒星中的核聚变反应而产生出来的，这与中国古代道家理论所说的"一生二、二生三、三生万物"有相通之处。因此可以说，正是那些小小的氢元素通过聚变，才形成了现在世界上所有的元素和物质。

那么，万物的源头就是氢元素吗？我们可以这样认为。但是，如果要向研究天体物理或者宇宙的科学家问这个问题，他们会认为，氢原子远远不只是一个原子，在原子里面还有质子，在质子里面还有夸克，在夸克里头还有更小的东西，这就是粒子物理学家所研究的范畴。在科学家的眼里，"一"永远会更小。同时，我们也要知道，即便只是一个质子组成的氢原子，也都是在宇宙大爆炸初期那样剧烈的环境中才能形成的。因此，构成地球的物质元素都不是地球本身可以形成的，换言之，地球上的环境已经决定了它无法形成地球上的任何一种元素，元素的形成都需要经历至少达到核聚变那种强度的、极端且剧烈的过程。

科学家经过研究发现，恒星内部的核聚变或核裂变的最终产物都是铁，在变成铁之后，聚变或裂变的反应会终止。不过，在大质量恒星演

超新星（模拟图）

化到晚期时，其内部的核聚变反应终止后，它的引力会引发剧烈的爆炸，这种爆炸被叫作超新星爆发，这些大质量恒星会以这种超新星爆发的形式结束它们的一生。超新星爆发的力量非常强大，可以产生相当于太阳一半质量的铁。形成铁的过程非常艰难，可想而知，金的形成是一个更加困难且艰辛的过程，这个过程也需要更为极端的条件。

在超新星爆发的过程中，巨大的爆发能量会从中心向外产生冲击波，并且在这个过程中压缩加热物质，从而使得原子核里的中子与爆发形成的重元素的原子核结合，导致恒星中产生出比铁还重的金、银等元素。超新星爆发中所产生出来的各种元素，会随着超新星的爆发以极快的速度冲出恒星，抛撒在宇宙空间。因此，一些带有金元素的物质便会以颗粒漂浮的形式不断地扩散到宇宙中去，正如漂浮的尘埃一样。并且，随

着时间的推移，这些带有金元素的物质会与宇宙中原有的星际气体——尘埃云混合在一起，一起成为构成下一代恒星的原料，地球的形成有可能也是如此这般。

　　因此可以说，如果没有数十亿（甚至可能是百亿）年前的一次（或数次）超新星爆发，就不可能有地球的诞生。构成地球，乃至人类的元素，几乎都是超新星爆发的残骸。

超新星爆发（模拟图）

实际上，超新星爆发可以称得上是宇宙中最高能的极端事件之一。不过，这属于罕见事件，即使是在整个银河系中，平均每百年也只会出现两三起。另外，宇宙中的恒星数量不计其数，即使是以现有的观测技术，科学家在地球上也无法观测到遥远星系中的某颗恒星。不过，超新星爆发的亮度却极高，所散发的光亮可以在短时间内闪耀宇宙，其亮度甚至能够穿过整个星系，也正是由于这个原因，我们现在才可以观测到极度遥远的超新星爆发事件。然而，由于科技手段的局限性，现在的科学家暂时仍无法追溯到地球上现存的金子到底是来源于哪一次超新星爆发。

现代科学研究认为，超新星爆发的时间要远远早于地球诞生的时间，甚至比太阳诞生的时间也要早。目前，整个太阳系只有 46 亿年的历史，而金元素却有 50 亿年以上的历史，比太阳系形成的时间还早了 4 亿年左右。而正是因为先有金的存在，所以在随后地球形成时，金才能聚合成地球的一部分。假设先有了地球，那么金元素便只能通过陨石带来，那么金元素在地球上的含量会比现在还要低得多。而且，目前的研究表明，地球上现存的陨石绝大多数都来自太阳系，那些来自太阳系以外的陨石可以说少之又少。

来自中子星的终极撞击？

由于发生概率极低，通过超新星爆发而形成的金元素并不够多，科学家们经过研究发现，宇宙中还存在一种比超新星密度还要大的天体——中子星。

实际上，超新星分为好几类，第一类超新星最为简单，在爆炸后便会成为碎片，然而另外一类的超新星在爆炸以后并不会完全成为碎片，它的内核会留下来，剩下的物质又会变成稳定的中子球，质量远比太阳要大得多。这些剩余的物质会坍缩为压缩得非常紧的球，这种极为致密的天体被称作中子星，也可被视为巨大的原子的核。在宇宙中，中子星的密度仅次于黑洞。现代科学家们通过无线电观测，也就是通过射电望远镜，确定了很多中子星的存在。

中子星诞生于剧烈的超新星爆发，因此从诞生之日起，中子星就具有极高的转速，它自转一周的速度是以秒来计算的，转速最慢的中子星自转一周的时间也仅为 11 秒而已。此外，由于中子星内部存在强大的磁场，随着其转速的增加，它的两个磁极会发射出有规律的电磁脉冲，这样的中子星，被称为脉冲星。脉冲星的本质仍然是一颗中子星，而与普通中子星不同的是，脉冲星的转速非常快，目前已知的转速最快的脉冲星自转一周只需要 0.0014 秒。脉冲星所发射出的电磁脉冲并不是时断时续的，

知识金库

脉冲

脉冲（pulses per second）通常是指电子技术中经常运用的一种像脉搏似的短暂起伏的电冲击（电压或电流）。脉冲的主要特性有波形、幅度、宽度和重复频率。

瞬间突然变化、作用时间极短的电压或电流称为脉冲信号，具有一定的周期性是其特点。如果用手电筒的灯光形容，脉冲就是不停地开关灯，灯的亮、熄，就形成了脉冲，开关速度的快慢就是脉冲频率的高低。

而是一束规律的、持续不断的能量流，并且会随着脉冲星的高速转动而一遍遍扫过特定的区域，所以我们能够在这束能量流扫过的区域稳定地接收到来自脉冲星的电磁脉冲信号。

中子星的密度比我们地球上的任何东西都要大得多。如果两颗中子星相距过近，便会相互吸引，随后撞击并合二为一，许多科学家认为，大量的黄金可能是由于中子星之间相互碰撞形成的。

　　如果中子星的质量继续扩大，它们便会坍塌到一个点上，天体物理学认为，那是宇宙刚生成时的状态，也就是宇宙诞生时的奇（qí）点（singular point）。奇点是一个密度无限大、时空曲率无限高、热量无限高、体积无限小的"点"，一切已知物理定律均在奇点失效，此时的时空扭曲甚至导致连光都无法跑出去，于是黑洞便诞生了。黑洞的能量相当大，并且会不断吞噬周围的物质。

中子星碰撞（模拟图）

黑洞

以太阳为例，如今的太阳已经燃烧了将近50亿年，科学家预计，由于太阳的质量没有达到足够大，因此它再燃烧近50亿年，便很有可能形成白矮星和很多的碳，并在这之后停止聚变。如果由于某种原因，其质量不断扩大，便会通过超新星爆发形成铁元素，若质量再继续扩大到充分大，便可能继续形成中子星，甚至变为黑洞。当然，这个理论仅仅是一种假设，目前的主流观点是，太阳的质量太小，很难具备产生超新星爆发的条件。

即使当下的人们无法经历超新星爆发，或是中子星撞击所形成金元素的具体过程，但是研究天文物理的科学家们一直都在通过一些方法和手段来探索和研究天体中的元素组成。例如太阳，虽然我们从来没有与太阳直接实体接触，但是我们为什么会知道太阳上有很多氢元素？这是科

知识金库

白矮星

白矮星（White Dwarf，也称为简并矮星）是一种低光度、高密度、高温度的恒星。由于它的颜色呈白色、体积比较矮小，因此被命名为白矮星。白矮星是演化到末期的恒星，主要由碳构成，外部覆盖一层氢气与氦气。白矮星在亿万年的时间里逐渐冷却、变暗，变得体积小，亮度低，但密度高，质量大。

1982 年出版的《白矮星星表》表明，银河系中当时已被发现的白矮星有 488 颗，它们都是离太阳不远的近距天体。随着观测天文学在最近几十年迅速地发展，尤其是大型巡天项目的实施，新发现的天体数目急剧增加，尤其是 SDSS 的光谱巡天和 Gaia 卫星的巡天已经发现了数十万颗白矮星。

学家们通过氢元素的光谱检测得知的。事实上，每个元素都有自己的特定光谱，正如我们每个人都会有自己特定的 DNA 一样。

我们知道，光的本质是一种电磁波，人们平时所见到的光被叫作可见光。如果将一种单一的化学元素组成的物质，如钠，放在火焰中加热，钠便会辐射出自己特有的波长，同时也会产生相应的颜色，从而在光谱中产生一个光带，钠辐射的颜色就是彩虹中处于橘黄色的部分。就像我们每个人的指纹都不同一样，每种元素形成的光谱、光带也都是不一样的。

通过探测分析恒星里的光谱，科学家们便可以知道恒星里面究竟含有哪种元素。例如，通过观测，科学家们发现，某些恒星所发出的光谱显

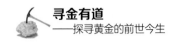

示存在铁元素，即光谱反映出来的是铁元素的光谱，由此就能够推断出，这颗恒星一定经历了超新星爆发或中子星撞击的事件。

知识金库

光谱

光谱（spectrum）是复色光经过色散系统（如棱镜、光栅）分光后，被色散开的单色光按波长（或频率）大小而依次排列的图案，全称为光学频谱。光谱并没有包含人类大脑视觉所能区别的所有颜色，譬如褐色和粉红色。

光波是由原子运动过程中的电子产生的电磁辐射。各种物质的原子内部电子的运动情况不同，所以它们发射的光波也不同。研究不同物质的发光和吸收光的情况，有重要的理论和实际意义，已成为一门专门的学科——光谱学。

点石成金是真是假？

自古以来，无论是在西方国家，还是在中国，都存在着不少关于点石成金的神话传说，这也再次从侧面反映了人们对黄金的追捧与渴望。在古代中国，关于点石成金的神话故事是这样的：传说早在晋朝时期，旌阳县曾有过一位道术高深的县令，名叫许逊。他能施符作法，替人驱鬼治病，解决了穷苦百姓不少困难，因此深受百姓爱戴。有一年，由于当地气候的原因，百姓们的收成并不好，粮食歉收无法换来银钱，大家都无法缴清赋税，许逊便叫大家把石头挑来，并施展法术：他只轻轻用手指一点，那些石头竟然都变成了金子。

实际上，所谓点石成金，从科学研究的角度来说，就是使用了一些不是金元素的物质，并以此来合成新的金元素。也许，这个过程在宇宙中的某些地方是有可能存在的，但受技术所限，在现实的地球上仍很难做到，目前也只能存在于充满人类美好想象的神话故事之中。实际上，西方国家关于点石成金的故事同样不少见，不过，这种对于金的崇拜和追求是要有限度的，一旦欲望超过限度，便一定会引来灾难。

现代科学研究认为，宇宙中的点石成金时刻在上演。2014年，科学家们使用哈勃太空望远镜观测到了两颗致密的中子星，通过分析它们碰撞所产生的光谱，发现该碰撞导致了大量黄金的产生。2017年，全球多国科学家同步举行新闻发布会，宣布人类第一次直接探测到来自双中子星合并的引力波，并同时"看到"这一壮观宇宙事件发出的电磁信号。这次中子星的撞击过程有大量黄金诞生，这也为金元素的来源提供了关键证据。

 知识金库

引力波

引力波，在物理学中指时空弯曲中的涟漪，通过波的形式从辐射源向外传播，这种波以引力辐射的形式传输能量。换句话说，引力波是物质和能量的剧烈运动和变化所产生的一种物质波。

1916年，爱因斯坦基于广义相对论预言了引力波的存在。引力波的存在是广义相对论洛伦兹不变性的结果，因为它引入了相互作用的传播速度有限的概念。相比之下，引力波不能够存在于牛顿的经典引力理论当中，因为牛顿的经典理论假设物质的相互作用传播是速度无限的。

直至目前，科学界仍普遍认为，地球上的黄金应该都是像超新星、中子星等这种非常致密的星体相互碰撞才形成的，在这些含金的碎片中，有一些碎片和早期其他的碎片共同组成了地球，黄金正是通过这种方式才到达地球的。

然而还有一点我们必须明白，人类现在所观测到的星空，并不一定是现在存在的星空。这是因为，光的速度虽然很快，但它的传播也是需要

双子星合并时的射电波观测图像

一定时间的，所以我们眼前看到的事物并不是它实时的状态，而是它过去的状态。此外，由于天体的引力作用，空间也会发生不同程度的扭曲。我们知道，宇宙星球间的距离都十分遥远，人类在地球上观察到的某一颗星体，是通过光的反射才能实现的，这也就导致了我们在地球上看到其他星体发出的光，有些是几分钟前发出的，有些则是几万年前、甚至是几亿年前发出的。宇宙的神奇就在于此，这正是宇宙的魅力，这样神秘且伟大的宇宙也值得我们持续探索。

黄金的"成矿之旅"是如何开始的？

在古代，由于受到经济社会发展水平的局限，人们寻找黄金的过程存在着很多偶然性。比起探索金矿的形成过程，人们更关心的是究竟如何找到金矿。古人寻找黄金大多依靠自发的一些经验总结，并没有系统科学的理论支持。然而，要想找到数量更多、规模更大的金矿，就必须要对金矿的形成过程有一个更为全面和综合的认识，这其中的第一步，就是要先搞清楚来自远古宇宙的金元素，究竟是如何在地球上开启"点石成金"之旅的？

造金像炒菜，也要"菜""油""火"

如果用一种比较通俗易懂的说法来形容，那么金矿的形成过程正如同人们炒菜一样：首先最重要的一步是要有"菜"——含金元素的成矿物质，随后，是要有能够起到运输和转移作用的"油"——可以流动的液体，最后也是同样重要的一步便是需要通过"火"这种能量，促使"油"把"菜"炒熟，成为供人享用的佳肴。那么，在金矿的形成过程中，这些"菜""油""火"又都是什么？这也正是我们寻找金矿的源头首先需要解决的三个基本问题。

"菜"是哪里长的？

如前文所述，金元素并不是在地球上形成的，它的形成过程十分困难，整个太阳系都不具备相应的条件。也就是说，要想形成金元素，就必须要通过太阳系外的超新星爆发，或者是中子星撞击这种更为剧烈的核聚变方式才可完成，而通过这种核聚变所形成的金元素，最终也构成了地球上金矿最初的源头。

实际上，地球上的金元素很缺乏，金矿的形成条件相当复杂和苛刻。如果金元素非常分散，又都埋在很深的地方，那么这些金元素便无法被人类所利用，只有它们在某一地区富集到一定程度，并且距离地面较近，才有可能被人类所利用，成为金矿床。

在地球形成初期，其元素构成整体比较均匀，并没有出现明显的分化，因此金元素难以富集成矿。后来，地球在重力作用下开始逐渐出现分化，并由地心至地表形成了地核、地幔和地壳三部分。这三部分是根

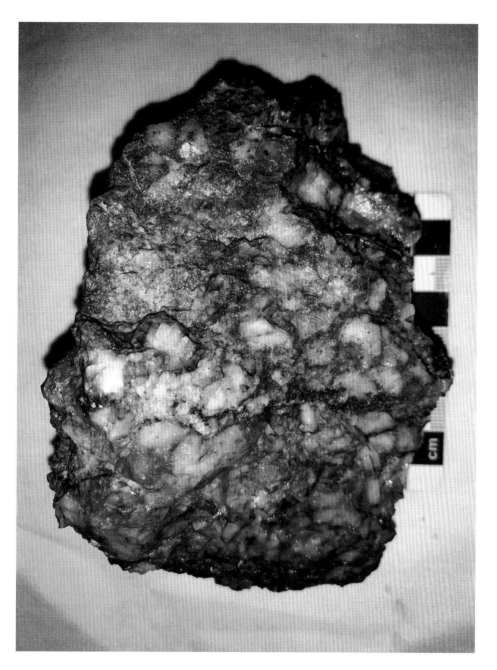

金矿石标本（胶东金矿床硅化硫化物脉型）

据地震波在地下不同深度传播速度的变化而区分的，地球外层是地壳，中间是地幔，中心层是地核，呈同心状圈层构造。地震一般发生在地壳之中，事实上，地壳内部在不停地变化，并由此而产生力的作用。这种变化也为金元素的迁移、聚集提供了一定的可能。

知识金库

地震波

地震波（seismic wave）是由地震震源向四处传播的振动，指从震源产生向四周辐射的弹性波。地震发生时，震源区的介质发生急速的破裂和运动，这种扰动构成一个波源。按传播方式可分为纵波（P波）、横波（S波）（纵波和横波均属于体波）和面波（L波）三种类型。地震波是一种机械运动的传布，由于地球介质的连续性，这种波动就向地球内部及表层各处传播开去，形成了连续介质中的弹性波。

地核位于地球最内部，是地球的核心部分，主要由铁、镍元素组成，由于它的顶部距离地球表面大约为3000千米，密度非常高，所以地核里面的物质很难到达地壳，因此，地核不太可能是地球浅层矿产的成矿物质来源。地幔是地球的莫霍面以下、古登堡面（深2885千米）以上的中间部分，其厚度约2850千米，主要由固态物质组成。地幔下部同样距离地表太远，因此也很难成为成矿物质来源，但地幔的上部有一个软流层，里面充满了熔融的岩浆，并可以在合适的条件下沿着岩石圈的裂缝向上移动，最终到达距离地球表面较近的地方，并为成矿做出贡献。地壳是指由岩石组成的固体外壳，是地球固体圈层的最外层，也是岩石圈的重要组成部分，相较于前两者，地壳与地面的距离更近，有可能为成矿提供更多物质来源。因此，人们一直在地幔上部和地壳寻找金矿的物质来源。

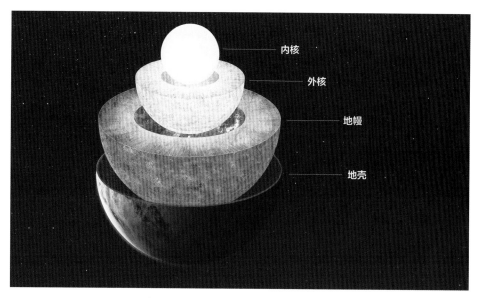

内核

外核

地幔

地壳

地球的内部结构——地壳、地幔、地核

知识金库

莫霍面

莫霍洛维奇间断面,通常称作莫霍界面,或简称 M 界面,是指划分地壳与地幔的界面。它是一个突变的边界,它标志着在化学成分和晶体结构方面的一种变化,而不是物质从硬到软这一种状况突然的转变。

莫霍面深度图对研究地壳结构、地壳均衡状态与天然地震活动等均有重要的意义。

莫霍面是 1909 年 10 月 8 日,南斯拉夫地震学家、气象学家莫霍洛维奇(Andrija Mohoroviic)在研究距克罗地亚境内萨格勒布约 40 千米的地震记录时发现的,后经观测证实,这一间断面在全球都普遍存在。为了纪念他对地震研究的贡献,人们将莫霍洛维奇发现的这个间断面命名为莫霍洛维奇间断面。界面以上的物质称为地壳,界面以下的物质称为地幔。

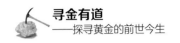

寻金有道
——探寻黄金的前世今生

知识金库

古登堡面

古登堡界面是根据地震波波速变化而划分的，是地幔与地核的分界面。

1914年，美国学者古登堡（Gutenberg）发现地下2885千米处存在地震波速的间断面，后证实这是地核与地幔的分界层，该间断面称为古登堡面。古登堡面以上到莫霍面之间的地球部分称为地幔（mantle），古登堡面以下到地心之间的地球部分称为地核（core）。

在莫霍界面及古登堡界面，地震波传播状态会发生明显的改变。

"油"是哪里炼的？

在经历了"炒菜"的第一步——找到"菜"以后，要想使金元素能够从分散的地方聚焦到某一区域，其中便需要借助于"油"——流动的液体来带动其移动。在地球内部，存在着许多可以流动的液体，这些可以流动的液体通过与岩石的相互作用，便可以获取成矿物质和能量来源，通过运动迁移到一定的部位，并会随着物理、化学条件的改变而促进成矿物质的沉淀，并最终富集形成金矿。这些流动的液体不仅能够移动成矿物质，也可以起到溶解搬运成矿物质的重要作用。

在真实的地球环境中，除了水这种流动的液体之外，还有许多能够起到和水相似作用的物质，比如岩浆、各种状态下的热的液体、密度很高的气体等等，它们被统称为流体，甚至，一些能够变形的岩石在一定条件下也可以成为流体。例如，德国便有这样的一个超深钻，它通过取样

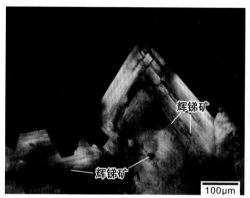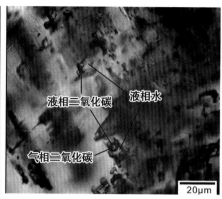

甘肃金矿床方解石中的流体包裹体（代表成矿流体特征）

证实，在9千米深度的位置，岩石也可以处于流动变形的状态。在上述所说的流体中，最重要的是岩浆、卤水、海水、雨水和地下水等。

地球上能够形成流体的方式并不少，比如：岩浆在冷却变成岩石的时候，会释放出一定量的岩浆水；一些岩石在高温或是高压的作用下能够释放出流体；松散的沉积物在地下被压得过于紧实也会释放出水；大洋中存在着许多可以连通到地球深部的通道，这些通道里面也会释放出大量流体。除此之外，流体的来源还有很多，不胜枚举。科学家们一直致力于从这些不同来源的流体中寻找和探索，到底是什么样的流体帮助形成了金矿？而这些流体又来自何处？

"火"是哪里点的？

流体的移动离不开能量的作用，那么，这些能量又是从何而来的呢？目前，关于形成矿的主要能量来源可以分为地球内部能量来源以及地球外部能量来源两大类。其中，内部能源主要是指地球内部放射性元素衰

变和地球形成初期所保存下来的原始能量，此外，还有各种形式的物理化学过程也能够产生能量；外部能源则主要是指太阳能，此外，还有一些通过陨石等方式带来的放射性物质等。

能量来源的具体表现形式非常多，就地球内部的各种成矿过程来说，内部能源作用更大，例如炽热的岩浆可以将能量传递给流体，随着深度

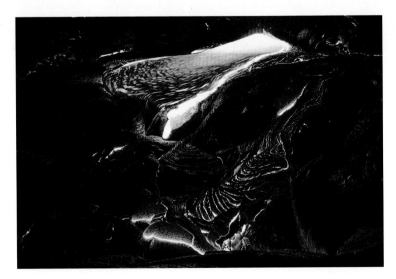

岩浆

火山喷发

的增加,其温度也会不断升高;并促使流体带着金元素富集成矿,此外,一些地下断裂和火山通道也可以将这些热量输送到更远的地方。这些能量的高低也会或多或少地影响金矿的形成。

　　太阳能是来自地球外部的能量,是一种可再生能源,早在地球上有生命诞生之时,太阳能便被人们所利用。如今,在化石燃料日趋减少的情况下,太阳能已经成为人类所使用能源的重要组成部分。从某种意义上来说,太阳能也为成矿贡献了力量。比如,一些含金的砂矿是在河流的长期作用下而形成的,而河流这种水能,本质上就来源于太阳能——太阳通过散发热量,加热水体,使得低处的水能够通过蒸发的方式到达高处,而如果一旦没有了太阳能,那么地球上的水就只能待在最低的地方,无法持续循环流动,缺少了水流动的巨大作用,那些含金的砂矿也就很难形成了。

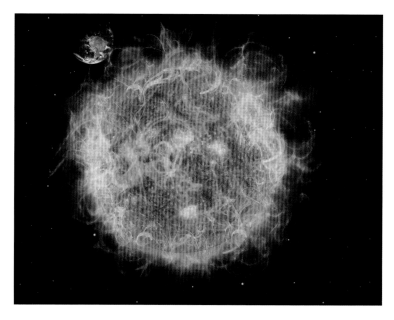

太阳

谁能告诉我们黄金从哪里来？

金的身世谁知道？

要想探寻金矿的身世，就必须要借助一些材料与方法。不同的材料与方法具有不同的作用：有些可以告诉我们有关金矿形成时间的奥秘，有些则可以告诉我们关于金矿形成空间的奥秘，这些都能帮助我们更准确地还原关于金矿身世的时空奥秘。从古至今，为了探寻这个奥秘，人类付出了许多努力和心血，不仅积极寻找各种与时间、空间相关的材料，同时还创造了多种多样的推演及测试方法。

在众多方法中，最简单直接的方法是先对与金矿形成有关的岩石进行研究。比如，当看到一块石头中间有穿插进来的长条形状的石头，那就说明一个事实——这个长条状的石头是后来形成的。除了对标本进行直接观察之外，还需要将这些岩石切成薄片，放在光学显微镜下观察，从而观察到更加详细清晰的现象。实际上，通过仔细观察矿物的形状，以及这些矿物相互之间的关系，就能够推断出它们形成的先后顺序。一般来说，先形成的矿物通常会长得非常完整，原因在于当时没有其他矿物的争夺，这些矿物的生长空间足够大，能够自由地生长；而后形成的矿物由于生长空间已不足，因此往往奇形怪状，因为它们只能在早期矿物留下的有限空间内生长，所以空间什么样，它们便会长成什么样。

　　前面说过,黄铁矿是铁的二硫化物,因其浅黄铜色和明亮的金属光泽,常被误认为是黄金。研究表明,黄铁矿是一种和金矿形成紧密相关的矿物,此外,石英、黄铜矿、方铅矿、闪锌矿、磁黄铁矿等矿物也都与金矿床的形成密切相关。科学家们通过测定矿物内部化学元素含量的方法,可以了解到金矿形成时的各种物理化学条件。其中,一种常用的方法便是用激光或者电子束把岩石矿物的不同部位剥蚀掉,再用质谱仪测出其内部的各种元素含量。这种利用激光进行剥蚀分析的方法被称作 LA-ICP-MS（激光剥蚀－四级杆等离子质谱仪）分析方法,LA 指的是

金矿石标本（胶东金矿床石英黄铁矿脉型）

对含金黄铁矿矿石标样进行 LA-ICP-MS 测试

激光设备，ICP-MS 指的是质谱仪部分。

要想准确了解金矿形成的时间，就需要利用一些具有放射性的元素来进行推断。比如锆石矿物中的铀元素，它有一些不太稳定的"小伙伴"，由于在元素周期表上面，这些元素与铀元素占有同一个位置，因此便被称为同位素。每隔一段时间，这些元素中的一半会衰变成其他的元素，这个过程被称作半衰期。通过半衰期能够建立起时间与数量的关系，从而推断出矿物形成的时间。比如原来有 16 个铀原子，一年后剩下 8 个、两年后剩下 4 个……四年后剩下 1 个，并以此类推。如若现在测出来还有 2 个铀原子，那么便说明时间已经过了三年，矿物现在的年龄也就是3 岁。

 知识金库

铀

铀（Uranium）是原子序数为 92 的元素，其元素符号是 U，是自然界中能够找到的最重元素。铀在自然界中存在三种同位素，均带有放射性，拥有非常长的半衰期（数十万年~45 亿年）。此外还有 12 种人工同位素（226U~240U）。

铀在 1789 年由马丁·海因里希·克拉普罗特（Martin Heinrich Klaproth）发现。铀的化合物早期用于瓷器的着色，在核裂变现象被发现后用作核燃料。

含黄铁矿的矿石标本（甘肃金矿床）

包裹体就是"锦囊"

在探索金矿身世的过程中，科学家们通过大量研究发现，有些矿物中会包裹着如同气泡一样的东西，而且这些气泡也各不相同：有些气泡里全是空气，有些气泡里却有可以流动的液体，甚至还会在气泡内部跳动，这是一个非常有意思的现象。实际上，这些气泡就是矿物形成时包裹在其内部的可以流动的液体和气体，被统称为流体包裹体。这些流体包裹体记录了矿物形成时的环境信息，只要能打开这个"锦囊"，科学家们便能探知到一些关于金矿身世的奥秘。然而，并不是每个流体包裹体都是有用的"锦囊"，真正能够提供有用信息的流体包裹体并不是唾手可得的，它们需要研究人员花费大量时间和精力百里挑一。

打开"锦囊"，即流体包裹体的过程也需要一定的技术含量，并不是粗暴地将流体包裹体打开便可以探知其中所记录的信息，这个打开的过程需要借助一些方法和手段。例如，有的流体包裹体里面既含有液体，又含有气体，当不断地对这些包裹体进行加热时，里面的液体也会逐渐变成气体，只要记录下此时的温度，再通过一些必要的校正，就可以大致推断出矿物形成的温度。

然而，这个探知的过程中也很容易遇到一些小麻烦——在加热的时候，用来粘样品的胶水也会在升温的过程中变成气体，并凝结在用来观察的显微镜镜片上，因此每次测温后，都需要用丙酮把镜片上的胶擦掉，从而防止这些气体妨碍研究人员在镜下观察流体包裹体。

除了测温度以外，包裹体里面的物质同样可以反映矿物形成时的一些信息——用激光撞击包裹体时，会形成一些独特的光谱，研究人员通过对这些光谱进行测定，就可以了解到流体包裹体的化学物质组成，这种技

知识金库

拉曼光谱

当光照射到物质上时，会发生非弹性散射，在散射光中除有与激发光波长相同的弹性成分外，还有比激发光波长的和短的成分，这种现象统称为拉曼效应。因为这种现象于1928年由印度科学家拉曼所发现，所以这种产生新波长的光的散射被称为拉曼散射，所产生的光谱被称为拉曼光谱（Raman spectra）。

拉曼光谱是对与入射光频率不同的散射光谱进行分析，以得到分子振动、转动方面信息，并应用于分子结构研究的一种分析方法。

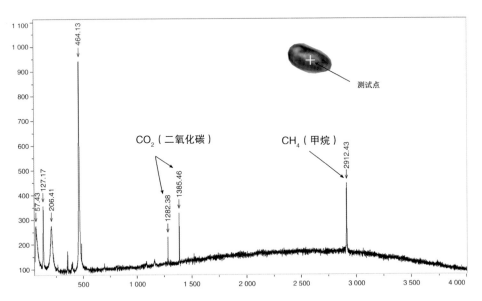

甘肃金矿床流体包裹体激光拉曼成分分析显微图像

（横坐标是拉曼位移，纵坐标是拉曼峰强度。）

术被称作拉曼光谱技术。随着研究的不断深入与发展，拉曼光谱技术所发挥的作用也在不断增大。最初，拉曼光谱仅仅被用于矿物中流体包裹体的化学组分的定性检测，而现在的拉曼光谱技术还可用于固体包裹体的检测，并告诉研究人员更多关于矿物形成的信息。

打开微观世界的大门

光学显微镜是利用光学原理，把人眼所不能分辨的微小物体放大成像以供人们提取微细结构信息的光学仪器。因此，在研究流体包裹体的过程中，光学显微镜发挥了不小的作用。然而，光学显微镜虽然能够看到流体包裹体这样细小的物质，但是仅仅依靠光学显微镜却远远不够，科学家们需要采用精细度更高的电子显微镜来辅助研究。电子显微镜简称电镜，是现代科技中不可或缺的重要工具。电子显微镜技术的应用是建立在光学显微镜的基础之上的，相较于光学显微镜，电子显微镜能将所观察的物质放大几百万倍，立体感也更强，与能谱仪结合还能够进行简单的成分测定，其中透射电子显微镜的放大能力甚至可以比光学显微镜高 1000 倍，因此，电子显微镜能够更好地帮助科学家探索微观世界，对与金矿有关的矿物生长过程和环境进行更为准确的分析和判断。

打开微观世界大门的过程并不简单，首先，要对得到的样品进行验收，看其是否符合要求，并在验收过后进行初步的加工。一般来说，在进行电镜观察前，要先在样品表面喷一层金或者碳，目的是为了让样品本身具有导电性，能够将电镜发射出来的电子导走，从而防止损坏样品。根据不同样品的特征，科学家们也会选择不同的方法，目的是能够更好地观察岩石矿物的微观结构。

　　电镜的使用过程同样烦琐，首先要将其内部抽为真空，然后再发射电子束，随后调节焦距，使图像变清晰，在观测完毕之后，还需要断开电子束，卸真空。由于是利用电子成像，所以一般都是黑白图像，只有经过人工处理之后，这些黑白图像才能够变成彩色图像。在用扫描电镜观察的时候，一般原子序数越大的部分就会越亮。通过分析观测到的图像，研究人员就可以判断矿物生长时间的先后顺序，并推断矿物形成时的环境。

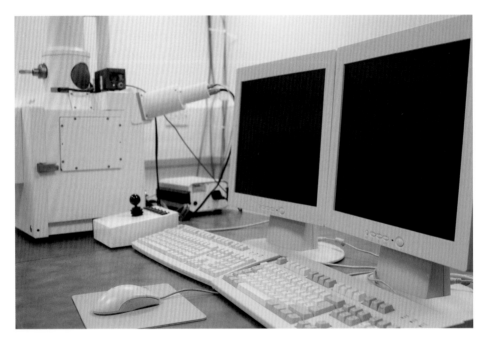

扫描电子显微镜

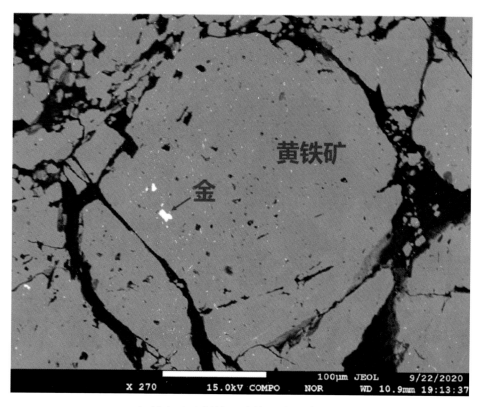

扫描电子显微镜下黄铁矿内的自然金

 知识金库

电子束

电子经过汇集成束，具有高能量密度。电子束是利用电子枪中阴极所产生的电子，在阴阳极间的高压（25kV~300kV）加速电场作用下，被加速至很高的速度（0.3-0.7倍光速），经透镜汇聚作用后，形成的密集的高速电子流。

去秘境寻找答案

要想搞清楚金矿的身世，除了上面所说的实验方法外，还需要一个很重要的前提——必须要去实际的现场进行观测和采集标本。这些标本并不是在地面轻而易举便能采集的，研究人员们往往需要去往幽暗的矿洞，在人迹罕至的秘境寻找，这个过程艰辛且充满挑战。

在寻找的过程中，随着矿洞不断加深，矿洞内的温度也会逐渐升高，人在矿洞内部行走时，全身会大量出汗，走到最后，甚至会产生麻木的感觉。由于有些矿洞里含有的水汽和粉尘较多，因此研究人员还需要戴上防护面罩和安全帽，不仅如此，研究人员在每次下矿洞前都会做好各项准备，如准备好放大镜、罗盘、地质锤和干粮等物品。在矿洞内工作期间，研究人员会认真观察，并仔细识别各种岩石矿物的种类和关系，同时做好详细记录和样品采集工作，最后再背着满满的样品爬出矿洞，这个过程是十分辛苦的。研究人员所采集的样品既包括矿石的样品，又包括周围岩石的样品，采到高质量的样品是工作中最令人兴奋的时刻。

矿洞内的工作通常繁忙并且艰苦，研究人员都是用面包、火腿肠之类的简单食物打发饥饿和保持体力。除了身体上的劳累之外，研究人员在结束每天的下矿工作之后，还需要清洗以及整理样品，并梳理当天记录的内容，以便为第二天的工作做准备，这样的辛苦工作是不可避免的。"千淘万漉虽辛苦，吹尽狂沙始到金"，只有在秘境中不断探寻，观测分析并采集样品，才能为室内的进一步研究提供更加翔实的第一手资料。

寻金故事

矿洞里的"地下工作者"
——地质学专业学生的井下实习故事

"千淘万漉虽辛苦,吹尽狂沙始到金"。这诗句生动地表现出寻金的艰难历程。但实际上,地质工作者寻找金矿的过程却远比"千淘万漉"艰辛得多。

"当时是夏天,为了安全考虑,需要穿上工作服,戴上安全帽和矿灯,之后乘坐升降机下到地下的矿井。但是随着下降的深度加深,温度越来越高,空气变得稀薄,令人窒息。到了下面之后要坐缆车,但是手不能超过头的高度,否则会有触电的风险。空间非常狭窄,所以需要贴着墙,等矿车缓慢经过之后再前行……"

"这里的通风情况没有那么好,因此必须戴好呼吸面罩,下面的空气并不是那么新鲜,我们需要观察的现象有主断裂面及其构造-蚀变-矿化特征。井下的路上有很多的水,大概到膝盖,因此,那段路走起来也比较慢,衣服都被水浸湿了……"

"等雨停了,我们就出去采样,岩石和土混在一起,黄铁矿没捡多少,我的手已经被泥糊住了。一位好心的叔叔给我们拿了手套,还帮我们挑选。听矿工说,去年有一个同学在矿洞前面站着,突然从上面掉下来一大块落石,幸好旁边人看到并喊他,他才逃过一劫,听得我直哆嗦……"

"井下总是很湿很热的,从井下上来总是会浑身湿透或者满身泥泞,搞得我们筋疲力尽。下井不是闹着玩的,"地下工作者"总是会面临各种各样的危险,矿井事故屡见不鲜,所以,为了自

寻金故事

己的安全一定要做好防护措施……"

"我的第一次野外实习是在胶东地区进行井下实习，到达过井下1020米，那里湿热、缺氧、空间狭小，在行进和工作的过程当中，还要时刻小心头顶的落石、脚下的碎石……"

"我第一次来到地表以下近千米的位置开展工作，由于这里刚被矿区开采，有大量的勘采工程，因此温度十分高，达到近40℃，当我们完成了两个半小时的工作后，所有的研究生、老师和国外学者都已经头晕目眩，于是我们决定返回。经历了半个小时的颠簸，我们终于来到了地表，此时外面已下起小雪，近零下10℃，而我们身上穿的是一件满是汗水的单衣……"

下井啦！

行进在矿山巷道

寻金故事

调好罗盘,测产状啦!

金矿体产状测量

典型的矿化现象,大家快来看!

典型矿化现象观察

71

寻金故事

我敲，我敲，我敲敲敲！

金矿石标本采集

标本终于敲下来了，完美！

金矿石标本采集

仔细看,不要错过宝贝啊!

金矿石标本采集

外观颜色、结构构造、地层层位、矿物成分及含量……一块小小的石头,到底能告诉我们多少信息?

金矿石标本观察

看，这块标本有点特殊！

清洗整理矿石标本

这可是个大工程！

清洗整理矿石标本

知识金库

产状

产状是物体在空间产出的状态和方位的总称。地质体可大致分为块状体和面状体两类。块状体的产状，指的是其大小、形态、形成时所处位置，以及与周边的关系。

在野外工作中，产状测量是地质工作者的必备技能之一。除水平岩层成水平状态产出外，其他岩层产状要素包括岩层的走向、倾向和倾角，主要指的是其在空间的延展方位，一般可用地质罗盘测出。

找"源"没有想象得那么简单

为了进一步搞清楚金矿的"源"，不同的研究人员提出了多种理论，并且都为自己的理论找到了相应的证据。然而即便如此，仍然存在很多未解的问题，这是因为，金矿的"源"涉及太多复杂的因素，所以即使研究人员已经掌握了许多寻找黄金的方法，但想找到真正的"源"，并不是大家想象中那么简单。

说不清的黄金身世

在20世纪50年代以前，由于当时科技水平有限，对于很多地质现象，研究人员还不能做出准确、恰当的科学解释。由于没有办法直接观察金矿的形成过程，只能依据观测到的结果来向前追溯，另外，当时的研究手段和技术方法较为单一和落后，而且研究观察的对象也都位于比较靠近地表的部位，因此相互对立的理论层出不穷。大家对不同金矿甚至是同一个金矿的认识也都截然不同，往往呈现几种对立观点并存的状态。虽然表面看起来，这阻碍了人们对于自然界客观规律的认识，但从另一个角度来说，这种争执和思想的碰撞也促进了人们对金矿"源"的研究。

随着物理、化学、工程等科技水平的提高，研究人员创造了很多的新技术、新方法用于寻找金矿的"源"，甚至人们已经可以下潜到海底，去观察现代金矿的形成过程，因此，伴随着技术进步，研究人员也提出了更多关于金矿的"源"的理论。

关于流体的"源"，有研究人员认为，形成金矿的流体源于富含硅铝元素的岩浆，这些岩浆在冷却变成石头的时候会形成一种热的液体，而这种液体可以带着金元素移动，当环境条件合适时，金元素便会富集沉

胶东金矿床的（黄铁）绢英岩矿石标本

淀下来形成金矿;也有研究人员认为,形成金矿的流体源于富含镁铁元素的岩浆,这些流体与周围岩石相互作用,从而促使金元素富集;还有研究人员认为,形成金矿的流体是源自地幔的,富含二氧化碳;此外,也有研究人员通过测试流体包裹体的氢同位素,认为流体来源于从大气进入地壳深处的水——不过后来研究发现,这些流体并非最初的流体,而是后来渗入矿床的流体。除上述观点之外,学界还有诸多不同理论。

而关于矿质的"源",有研究人员认为,正如打车一样,"金乘客"被流体从源头直接运送到了成矿区域;而有的研究人员则认为,正如坐公交车一样,流体沿途接纳了路上许多零零散散的"金乘客",并在最终将其一起送到了目的地,从而推动了金矿的形成。

无论是哪种假说理论,研究人员通过大量研究认识到,金矿的形成过

胶东金矿床的石英硫化物脉脉型矿石标本

程非常复杂，并非单单一种来源或一种理论就能够解释的，不同的金矿其形成过程可能截然不同。因此，针对不同类型的金矿，我们要根据实际情况来进行分类研究。

神秘的光能使者

在众多的假说理论中，有一种理论认为，金矿的形成和一位神秘的光能使者有关，那就是蓝藻，也叫蓝细菌。藻类的发展使整个地球大气从无氧状态发展到有氧状态，导致大气成分发生重大变化，从而促进了一切好氧生物的进化和发展。具体说来，就是蓝藻通过光合作用，把太阳能转化为可以被生物利用的能量，在此过程中吸收二氧化碳、释放氧气，使得大气中的二氧化碳含量大大降低，氧气含量大大提高，最终为需要通过氧气进行呼吸作用的生物繁盛提供了可能。除了促进好氧生物的进化和发展之外，这位神秘的"光能使者"在某些金矿的形成过程中也扮演着非常重要的角色。

在山东西部地区，有一种被称作"绿岩带"的颜色发绿的岩石地层，人们在其中发现了金矿。有研究人员认为，这种金矿的形成与海底火山活动以及蓝藻有关。他们认为，在这些绿色岩石逐渐形成的过程中，海底火山的岩浆喷发，抑或是热的液体、气体喷发出来，将海水的温度由两百摄氏度加热到四百摄氏度并呈现酸性，这个过程会溶解非常丰富的矿物质，其中就包括金元素。当这种又热又酸的溶液随着海水运动来到比较浅的地方，并恰好遇到正在进行光合作用的蓝藻时，海水的温度与压力便会发生变化，金元素随之与黄铁矿、石英、石墨等矿物一起沉淀下来，并形成金矿最早的富集，这被称作金矿源层。这一假说的支持证据是石

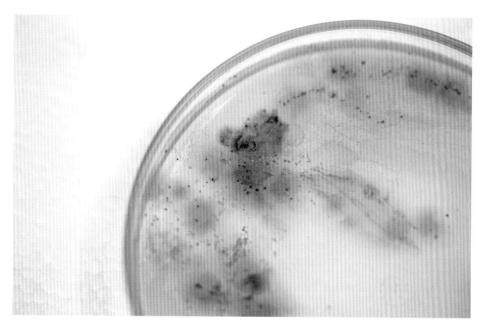

培养基板中蓝绿藻的菌落

蓝藻

绿岩带

墨矿物中所包含的信息，研究人员认为，这些信息能够说明部分金的初始富集与蓝藻等生物活动有着密切的关系。

 知识金库

绿岩带

绿岩带（greenstone belt）通常指前寒武纪地盾中呈条带状分布的变质基性岩地区，主要岩石类型有细碧岩、玄武岩、辉长岩和辉绿岩等，岩石普遍具有暗绿色。一般认为，绿岩带形成在早前寒武纪，主要在太古宙，形成时期为2300Ma~3400Ma（Ma在地质学中代表百万年）。

一套完整的绿岩地层，一般由早期的火山岩和晚期的碎屑沉积岩或火山碎屑沉积岩组成。

地火的卓越贡献

除了神秘的"光能使者"——蓝藻之外，研究人员认为，在许多金矿的形成过程中，还有另一个重要的因素——岩浆，它的活动为金矿的形成提供了矿质、流体和能量来源。

前面说过，上地幔和地壳共同构成了坚硬的岩石圈，在地幔的上部，紧邻着岩石圈的下面，存在一层比较特殊的物质，它们不是坚硬的岩石，而是熔融状态下可以缓慢流动的岩浆，因而被称作软流层，又叫软流圈。研究人员通常认为，岩浆大都来源于这一层，它无比炽热，好似地下的一股烈火。

岩浆这股烈火时而沿着岩石圈的裂缝向上涌动，时而喷出地表，从而导致了各种地质现象的形成，这就是岩浆活动。在岩浆等因素引起的温度上升、压力变化等条件的影响下，岩石的性质也会随之发生改变，这被称作变质作用。此外，岩石圈也并非铁板一块，它是由好几个大小不一的板块组成的，由于板块下面的岩浆可以缓慢流动，因此便可以带动上面的板块一起移动，从而导致板块相互分离，或者相互碰撞，从而形成众多地质现象，这也正是板块构造理论的基本内容。研究人员认为，正是岩浆活动、变质作用和板块运动这样的地球内部力量的共同作用，才为金矿的形成提供了多种可能。

无论是关于矿质的"源"、流体的"源"还是能量的"源"的假说理论，都或多或少与岩浆存在着一定的联系。比如，前面所说到的富含硅铝元素的岩浆、含有金元素的岩浆、富含镁铁元素的岩浆、富含二氧化碳的

火山岩

岩浆活动示意图

岩浆以及其他被岩浆加热的流体,这些都离不开岩浆的作用。

更多的科学研究表明,在地幔内部还有一股更大的"地火",即一种密度小、温度高的高温熔体,从地幔底部一直向上涌并直达地表。它们头大尾小,像蘑菇的形状,也像一个个巨大的柱子,被称作地幔柱。地幔柱的概念是由 J.摩根于 1972 年提出的,他依据的事实是:在大洋底部有一系列呈链状分布的活火山脉,它们一端连接着现代活火山,沿此链距离活火山越远,则年代越久远,这被认为是当岩石圈板块运动时,固定不动的地幔柱在板块表面留下的热点迁移的轨迹。美国黄石国家公园就被认为是地幔柱活动的产物。

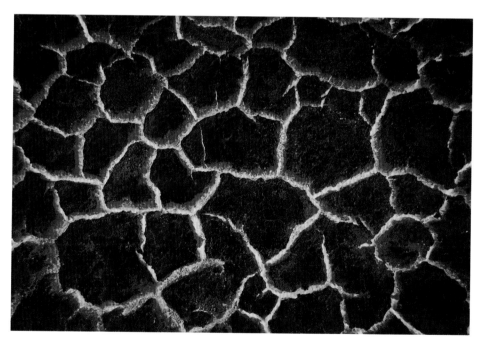

火山爆发后,炽热的红色裂缝

对金矿的"源"认识的改变

在对金矿的"源"的探寻过程中，研究人员对于到底哪些岩石更容易形成金矿的认识，也在不断地发生着改变。在一开始，研究人员认为含金量较高的"家境富足"的岩石更容易形成金矿，然而随着研究的不断推进和深入，他们发现一些含金量较低的"出身贫寒"的岩石照样能够形成金矿，这一惊喜的发现也拓宽了金矿探寻的范围和领域。

"家境富足"更易成矿

由于地球的地幔和地核的深度过大，以人类目前的能力，甚至连地壳都极难打穿，因此即使地幔和地核两个地方富含金矿，也无法进行开采。在目前能够开采利用的地壳中，金元素的含量并不高，平均每一千吨岩石里只含有一克黄金。在理想状态下，要成为能够被人类所开发利用的金矿，每一吨岩石中，至少需要含有三克黄金，这也就意味着，天然分布的黄金要富集到平均水平的近三千倍，因此这个条件是非常苛刻的。

1957年，澳大利亚学者奈特首先提出了矿源层理论，即研究成矿物质来源地层的理论。在一开始寻找金矿的"源"时，人们理所当然地认为，那些原本金含量就比较高的岩石更有利于金矿的形成，这些岩石地层也被称作金矿的矿源层。研究人员用这个理论来解释远古金矿的成因。一般来说，平均每一百吨岩石里含有一克黄金就可以成为金矿的矿源层。

在地质学发展的早期,学界曾经有一个关于岩石成因的"水火之争"。火成派认为,地球上所有的岩石都是由于岩浆活动形成的,也就是岩浆岩;而水成派则认为,地球上所有的岩石都是在湖、海这样的水体中沉积而成的,也就是沉积岩。两派为此争论不休,开展了学术论战,也多次约在野外实地辩论,甚至还发生了肢体冲突。然而,后来的研究表明,地球上的岩石其实有三种成因,除了上述所说的岩浆岩和沉积岩这两种之外,还存在着一种变质岩,即由原来的岩石在高温、高压等条件下,性质发生改变而形成。

无独有偶,这样的学术争论在金矿形成的过程中也同样存在,奈特在最初提出矿源层理论的时候,便有过这样的认识过程。他认为,只有在

知识金库

火成岩

是由地球深处的岩浆喷出地表或侵入地壳冷却凝固所形成的岩石,有明显的矿物晶体颗粒或气孔,约占地壳总体积的65%,总质量的95%。按成因又可分为火山岩和侵入岩。

沉积岩

又称水成岩,是在地壳发展演化过程中,在地表或接近地表的常温常压条件下,任何先成岩遭受风化剥蚀作用的破坏产物,以及生物作用与火山作用的产物在原地或经过外力的搬运所形成的沉积层,又经成岩作用而成的岩石。在地球地表,有70%的岩石是沉积岩,但如果从地球表面到16公里深的整个岩石圈算,沉积岩只占5%。沉积岩主要包括石灰岩、砂岩、页岩等。沉积岩中所含有的矿产,占全部世界矿产蕴藏量的80%。

 知识金库

变质岩

由变质作用所形成的岩石。是由地壳中先形成的岩浆岩或沉积岩，在环境条件改变的影响下，矿物成分、化学成分以及结构构造发生变化而形成的。它的岩性特征，既受原岩的控制，具有一定的继承性，又因经受了不同的变质作用，在矿物成分和结构构造上又具有新生性（如含有变质矿物和定向构造等）。

沉积岩中的某些特殊层位中，由于地层的温度升高，才导致像金这样的矿物质元素富集在一起，从而成为矿源层，因此，只有金元素含量较高的"家境富足"的矿源层才会更容易形成金矿。

岩浆岩（甘肃金矿床）

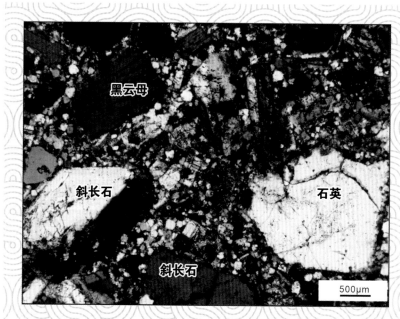

岩浆岩及其显微岩相学照片（甘肃金矿床）

沉积岩

变质岩

变质岩光学显微镜镜下照片

变质岩光学显微镜镜下照片

"出身贫寒"也能成矿

在相当长的一段时间内，众多学者的研究成果确实支持了澳大利亚学者奈特的结论，不过，随着经济的发展，社会对矿产资源的需求不断扩大，特别是世界性的"淘金热"的出现，这些因素都极大地推动了矿源层理论的不断完善和发展。

20 世纪 70 年代以来，随着研究的深入以及测试分析技术的提高，研究人员发现，一些平均每一千吨里只含有一克甚至更低数量黄金的岩石，也同样可以成为矿源层，也就是说，金含量较低的"出身贫寒"的原始地层，在一定条件下，同样可以形成金矿。研究人员发现，地层能否形成金矿，往往更取决于这些金元素是否容易富集到一起。例如，一些存

89

在于矿物晶格中的金在化学反应过程中会被流体带走，并在合适的地方富集成矿；而没有发生富集作用的金，即便单位含量较高，但仍然不具有开采价值。举例来说，南非和中国小秦岭的地层中金元素的含量都很低，但由于金元素的赋存状态和区域构造环境都有利于它的移动和富集，所以同样盛产金矿。

因此，现代研究人员普遍认为，判断一个地层是否容易形成金矿，除了要看其原始岩层的金元素含量，还要密切关注金元素的赋存状态和区域构造环境、流体特征即活化转移的可能性等因素。一些含金量低的变质岩、岩浆岩等各类岩石，只要条件合适，经过后期的努力，"勤能补拙"，同样可以成为金矿中金元素的来源。因此，有学者将矿源层的概念扩大为矿源岩，并将其作为能够提供金元素的所有来源的总称。所以，人们对金矿的"源"的研究也从对矿源层的关注，逐渐转变为对金元素在各类岩石和矿物中的赋存状态和区域构造背景的研究，同时，也有不少学者开始通过实验来模拟不同条件下金元素的迁移、赋存状态和成矿条件。

 寻金故事

实践出真知
——翟裕生院士的寻金故事

地质科学首先是实践的科学，中国科学院院士、原中国地质大学（北京）校长翟裕生历来都十分重视野外实践以及室内实验工作。

野外的矿山是翟院士的科研基地，数十年来，他不知在那里洒下了多少汗水、付出了多少心血。信念与执着可以化解一切阻碍，翟院士和他的科研团队经常冒着七、八月的高温进行野外作业，烈日炎炎之下，观测矿体产状结构的他们专心致志，进行填图工作的他们一丝不苟。

"道阻且长，行则将至"，多年来，他多次深入矿山，致力于研究和搜集典型实例。早年间的矿坑内工作条件非常恶劣，工作中，翟院士经常需要一个人匍匐爬行在低矮逼仄、阴暗潮湿的坑道中来观测构造现象，甚至有时候还需要冒着滚石和塌方的危险。然而无论面临怎样的挑战，他从来没有想过放弃，翟院士用他不畏艰难的决心和兢兢业业的工作，换来了大量真实并且典型的第一手科研资料。

多年来，翟院士对国内外的很多矿床都进行了仔细观测与研究，从典型矿床点上做起，又在区域上展开，并进一步对全国矿产地质情况有了总体的认识。他重点剖析了十多个矿床，研究了国内四五个代表性成矿区带，同时将这些研究与室内实验相结合，获得了大量的宏观及微观信息。这些信息都是经他直接采取，或经他检验的可信资料，为他的成矿系统理论的建立打下了坚实基础。这是一个经过实践、实验再上升到理论，又带着理论走进野外去验证和实践，并根据实践结果对理论进行完善和修正，最终使研究不断获得新的成果和突破的过程。

以胶东半岛为例，翟裕生院士提出了一种成矿系统路径模型，用来解释一个地区或省内一个单一矿床或多个矿床形成和保

寻金故事

存的路径和规律。通过产学研密切结合、扎实的基础地质以及深入的科研工作，翟院士团队实现了成矿理论和找矿勘查突破的总体目标。

翟院士的矿床学研究思维方法综合起来可以概括为 8 个观点，即：

（1）实践思维——实践出真知，实际调查矿床特征；

（2）系统思维——成矿系统分析，把握全盘；

（3）历史思维——研究矿床的形成、变化和保存；

（4）经济思维——矿产资源、经济建设与社会发展；

（5）环境思维——发展绿色矿业，改善生态环境；

（6）全球思维——地球系统、成矿系统、勘查系统三结合；

（7）战略思维——矿产资源是关系国家安全的战略资源；

（8）辩证思维——唯物辩证法是指导矿床研究的基本哲学思想。

上述思维方法，能够为指导找矿发现和创新成矿理论提供有力支持。

"合抱之木，生于毫末；九层之台，起于累土；千里之行，始于足下"，知识的获得依靠积累和思考，而积累又需要实践作为基础，乐于吃苦，精于考察是求知的第一要义。翟裕生院士用他严谨认真的学术态度和持之以恒的工作品格向我们充分展示了地质人的社会责任与家国担当。

甘肃金矿床俯瞰图

是谁把黄金带到了这里？

前面我们介绍了黄金的源头，其中既包括在天文学概念上金元素的源起，也包括它来到地球之后究竟如何成为金矿的来源。

然而实际上，黄金成矿是一个非常复杂的过程，地质学家们经过广泛深入的研究，提出了成矿系统理论，简而言之，就是黄金的成矿过程大致包括"源（源头）—运（运移）—储（富集成矿）—变（随外部环境变化而产生变化）—保（相对稳定保存下来）"这5个步骤。因此，要想探寻黄金形成的奥秘，不仅要寻找到它的源头，同时还要研究它运移、富集、储存等一系列问题。

那么，到底是谁来搬运的黄金呢？

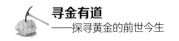

来的方式很重要

中国地质大学（北京）翟裕生院士的成矿系统理论（源—运—储—变—保）是目前能够较好解释成矿过程的理论。其中的"运"一词，指的就是携带成矿物质的成矿流体，沿着一定的通道，将成矿物质运移到有利于成矿的位置，在一定条件下卸载成矿物质并形成矿床的过程。这是黄金从源头到富集成矿之间的运输和移动过程，正如前文所述，搬运黄金的实际上是携带成矿物质或者金元素的成矿流体。我们知道，流体就是可以流动的物体，除了液体，一些气体也可以成为流体，甚至，有些熔融的固体其实也能够流动，而且还很有可能成为重要的成矿流体，它肩负着沿一定的通道运移金元素的重任。

如果将一滴墨水滴到一杯水里，墨水很快就会扩散开来，水里各个部分的墨水的含量都很少。正如这个过程一样，源头的黄金大多数时候都以一种含量非常低的形态，即以金的单质形态存在，完全达不到成为金矿的程度，那么，这些散落各处的黄金又是如何形成金矿的呢？这就需要把分散各处的金聚集到一起，并且经过流体的搬运使其富集成矿。

流体通过流动，便开启了携带黄金"云游"的旅程。如果"云游"的最终目的是形成金矿，那么便必须要沿着一定的路线和道路，并在一定的环境和条件下才能顺利抵达终点。如果是漫无目的"云游四方"，恐怕就难以实现最终的目标了。

胶东金矿床的角砾岩型网脉型矿石标本

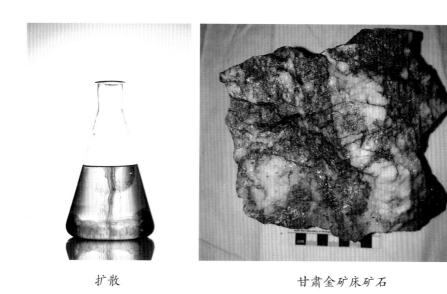

扩散　　　　　　　　　　　甘肃金矿床矿石

研究人员所关注的问题，正是在这个过程中，究竟是什么样的流体，沿着什么样的通道搬运的，即运移成矿物质的流体跟流体运移的通道到底是什么、在哪里，二者之间有着什么样的关系，这是研究"运"这个问题的核心和关键，从根本上来说，这也是为了能从理论上分析和揭示黄金发生运移的条件和过程。

天然的金矿转移通道

对于流体究竟存在于何种通道里，又是如何通过这样的通道从源头到达储藏地的问题，也有一个由浅入深、循序渐进的认识过程。早斯的研究认为，若在一定范围之内存在一种合适的流体，由这种流体带动散落各处的金元素，并将这些金元素聚集在一起，把它们搬运到适宜储存的地方，这就是黄金迁移的方法和途径。

随着科研仪器的更新进步和研究的不断深入，研究人员发现，原来金也会"坐电梯"——正如人们上楼梯时需要借助电梯省力一样，金从地球深部向上的过程中，有时也会有一个像电梯似的垂直快速通道，此时的流体起到了类似于电梯的通道搬运的作用。这种通道属于单通道，只会沿着一个方向往上走。研究人员是通过观察金向上时留下的通道痕迹，并对通道周围的岩石进行研究而推断出这一结论的。此外，对矿床周围的围岩和黄金成矿时的温度与压力等因素的研究也能与这一结论相互验证。经过大量的研究发现，这个结论不仅仅适用于某个独特的矿床，实际上，绝大多数的矿床都能验证这个结论，因此，研究人员关于单通道可以运输流体的理论得到了广泛支持。

　　那么，这种通道又是怎么形成的呢？简单来说，这些可以运输流体的通道跟地球的地壳构造密切相关。地壳构造实际上指的是地球内部的岩石地层受到应力时所发生的变化，以及由于这些变化而形成的构造现象。我们知道，地层分为许多层，当地层受到力的作用，这个地区的地壳会发生连续弯曲，这种连续的弯曲被称为褶皱。褶皱又可以分为背斜和向斜，这些相应的褶皱跟一些油气等矿藏的形成也有关联。例如，背斜就是向上拱起，它的两个地层的方向朝向是相背的，所以被称为背斜。由于水的密度要大于石油、天然气等，在地层向上拱起来之后，相较于水的密度更轻的石油、天然气等物质便会沿着地层往上走，直至到达背

背斜与向斜

知识金库

应力

应力是指物体由于外因（受力、湿度、温度场变化等）而变形时，在物体内各部分之间产生相互作用的内力，以抵抗这种外因的作用，并试图使物体从变形后的位置恢复到变形前的位置。也就是说，在所考察的截面某一点单位面积上的内力称为应力。

背斜

背斜（Anticline）指褶皱构造的向上拱起的部分。在一般平地上，背斜的地层上半部受到侵蚀变平，会形成中间古老、两侧较新的地层排列方式。

向斜

向斜（Syncline）属于褶皱的基本形态之一，与背斜相对。向斜为褶皱构造的一部分，两翼指向上方，中央向下屈曲。其在褶弯内的岩层，越往中央，越年轻。向斜与背斜相连，彼此方向相反，常使地壳岩层呈现波状。

斜顶部，因此，背斜里更容易富集天然气和石油等资源。与之相反，由于向斜是向下凹陷的，这也就意味着它两侧的地层朝的方向是相反的，因此水这种密度大的东西更容易向下储集，因此向斜能够储藏丰富的水资源。

除了褶皱之外，地球上还存在着另外一种构造，即断层。恰如人们在日常生活中吃的脆脆的饼干一样，大家都知道，饼干一旦受力便很容易

甘肃金矿床控矿断层

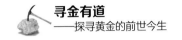

断开，有的地层正像饼干一样十分脆弱，一旦受到压力便会断开甚至会发生错动的情况，因此也就形成了断层。而这些由于受力而形成的断层，就是适合成矿流体运移的天然通道，这样的天然通道可以将成矿流体从地球深部运移到适合成矿的位置，将金元素卸载，形成金矿床。

这种由于断层而形成的天然通道对于金矿的形成非常重要，以胶东金矿为例，它的断裂从东北延伸到西南，并控制了整个矿床的形成。

知识金库

控矿

简而言之，控矿就是指控制成矿的因素及相互作用。例如，地层及岩石矿物与成矿之间的关联，就可以理解为控矿作用：地层或岩石矿物为成矿提供物质来源，同时特定的岩性及其组合有利于矿质的沉淀富集，并形成有开采价值的矿床（体）。

流体搬运工

我们知道，流体是可以起到搬运、输送作用的，而流体搬运工，顾名思义，主要指的就是指水、二氧化碳和甲烷等可以起到搬运、输送作用的物质，这些物质会携带着金元素进行迁移。此外，金元素并不能独自进行迁移，而是必须要与硫、氢等元素进行络合，从而组合成一种可以被这些流体带走的物质，然后再进行地理位置上的迁移。

研究发现，这种流体搬运并不是在所有的温度条件下都可以进行的，流体搬运对于温度有严格的要求，而且不同的流体搬运过程，对于温度条件的要求也各有不同。以中国胶东金矿床为例，它对温度的要求一般是从200℃到400℃，并且当温度在200~300℃的时候最有利于成矿。实验表明，当金元素周围有黄铁矿、绢云母和石英等物质存在的时候，一般温度在350℃左右；当周围多为碳酸盐等物质时，一般此时温度大约为200℃。

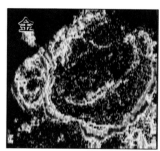

甘肃金矿床黄铁矿微量元素扫面

流体进行搬运时，既需要有合适的流体存在，也需要有断层形成的通道，此外，动力也是成矿必不可少的要素之一。流体流动正是靠着我们前文所讲的能量来源中的"火"，即岩浆活动产生的热量，才能移动或构造运动，将热量转化为流体迁移的能量，并最终把金元素从一个地方带往另一个地方。

那么，金元素究竟会不会害怕岩浆呢？岩浆温度如此之高又到底能不能将黄金融化或者导致其变质呢？这些都取决于金元素的熔点以及岩浆的温度。一般来说，金元素的熔点是1064.5℃，岩浆的温度则是900~1200℃，最高甚至可达1400℃，所以说，温度足够高的岩浆是能够将黄金熔掉的，因此岩浆能够起到搬运黄金的作用。

　　我们之所以要多次强调黄金的这个"运"，正是因为运金的过程实际上正是把本来分散且含量较低的金通过"运"这个过程，源源不断地将分散的金元素们从不同地方带到同一个地方，并使其富集起来。

　　读到这里，或许有读者会思考这样的问题：金在运移过程中，究竟会不会黏合在一起呢？这些正在转移的黄金，是呈现为独立的单质金，还是彼此之间紧密地黏合在一起？这是一个很有趣的问题。很多人可能会认为，能够搬运着金一起迁移的流体看起来一定像一条金灿灿的河流。实际上，金在搬运的过程中并不是我们所认为的单质金，而是已经与硫、氢等元素共同组合成为了一种化合物。这种物质并不是我们可以直接看到的，我们更无法看到金本身的样子，因此，这种流体绝不可能看起来像金灿灿的河流。这种起到搬运作用的流体甚至可能是无色的，就好像如果将黄金放置于王水里边，便会看不到黄金的存在，因为此时的黄金已经变成离子状态，呈现出的是透明的液体了。

　　研究发现，在搬运的过程中，温度、酸碱度以及硫化氢的浓度都非常重要，尤其是硫化氢的浓度。当硫化氢达到一定浓度并且温度超过170℃时，金便会很容易发生溶解，并融入硫化物等物质里，因此便会更容易被流体搬运走。这是因为达到一定浓度的硫化氢也可使流体的酸碱度减小，从而使流体变得更酸，有利于金的溶解和迁移。

　　通过现代精密的科学分析以及计算机建模，研究人员证明了这种含有硫化氢物质的卤水就是黄金运输的理想流体。无论从哪一方面来衡量，它都可以算得上是优秀的"流体搬运工"。

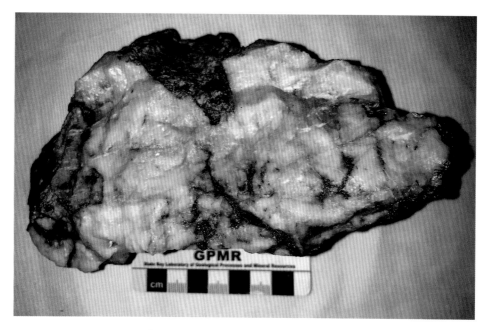

胶东金矿床的强硅化硫化物脉型矿石标本

坎坷长征路

流体并不是简单的水。假如当将水覆盖在一个面上时，这些水很快便会蒸发，水蒸发之后，其中的矿物质则会留下来。以此类推的话，一些比较黏稠的岩浆里会不会存在被岩浆所包裹的金块呢？

研究人员在实验室模拟金运移的过程时发现，搬运黄金的过程并不是把一种物质简单地沿着通道转移，而是要来回重复多次，过程中需要不停地运，而且并不能直接从源头到达目的地。比如，当这种搬运过程经过花岗岩的时候，便会形成一种叫作黄铁矿的矿物，当黄铁矿形成以后，流体里边不仅存在水、二氧化碳、甲烷等物质，同时还存在着一种叫作硫化氢的物质，并且随着黄铁矿的形成，硫化氢的含量会逐渐降低，这是因为它已经与黄铁矿发生反应，并且进入到黄铁矿里去了。研究发现，金只有与硫、氢元素组合为一体才能够被搬走，一旦硫和氢融入了黄铁矿，那么被剩下的金便无法继续与二者聚在一起往前走，因此只能停下迁移的步伐，在通道里沉淀下来，等待下一次新的流体经过，并且流体内所含的硫和氢足够多时，才可以再次搭乘"车辆"继续前行，最后找到合适的地方进行沉积富集。这个过程是周而复始的。

所以说，黄金在被搬运的过程中绝不是一帆风顺的，而是走走停停，来来往往，几次三番，道阻且长。通过多次运移，不断变换沉积的位置，只要条件合适，黄金便可以不断地被运移乃至沉积富集成矿。

一方面，流体搬运的作用使得金元素聚集起来更容易形成金矿床，然而另一方面，这样的搬运活动有没有可能破坏已经成型的金矿床？换言之，流体作用产生的力量会不会把已经聚集起来的金元素给冲散呢？举一个较为夸张的例子，假设研究人员发现了一处矿床并开始进行开采工作，那么这个正在被开采的矿床，会不会一夜之间被转移到其他地方或者直接消失了呢？其实这也就是我们在后文要讲的黄金的"变"，要知道，世界上的万事万物每分每秒都在发生改变，因此黄金在储存之后也并不是一成不变的。

此外，虽然说金相对于其他矿物较为稳定，它也还是会溶于某些物质，譬如王水或其他流体中，因此，这个地球上很可能还存在其他的金元素，它并不一定是以固体的形式、金的单质形式或者矿床的形式存在的。有没有这样一种可能，某些金仍在以一种溶于流体的、飘忽不定的形式存在于这个广袤的地球上？

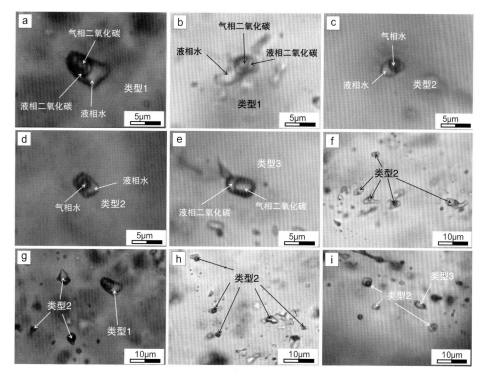

胶东金矿床的沸腾流体包裹体

在了解了这些关于黄金运移的知识之后，读者们也许会产生这样一些
疑问：黄金的运移是只在特定的地质环境和条件下才发生，还是说这个过
程一直都在发生？黄金运移的过程是漫长的，还是相对快速的？

现代研究认为，黄金成矿的过程应该是一个一直在进行的、持续的过程。
可以说从地球诞生的那一刻开始，一直持续到现在，这极有可能是一个
自古至今、时时刻刻都在发生的运动，循环往复，生生不息。虽然含金
流体的运移及金的富集，或者说一个金矿床的形成时间跟地球的历史比
起来非常之短，但也绝不是一蹴而就的，很有可能需要花费成千上万甚
至上亿年的时间。

　　我们所说的寻金，大多是指寻找金的固体矿产。那么，为什么人们通常倾向于直接找金，而不是先寻找携带金的流体、再研究如何用一些科学技术手段从流体中直接提取黄金呢？那是因为，从流体中提取出金元素难度很大。以海底的黑烟囱（海底热泉）为例，研究发现，有一些黑烟囱周围的金含量比较高。实际上，这种黑烟囱里面就存在一些流体，这些流体能够把地下的金带上来。不过，通过采集黑烟囱中的流体，然后将其中的金提取出来，这个过程会带来经济和能量的双重消耗，从而导致采金成本极高，所以至少从目前来看，从流体中采金是不现实的。

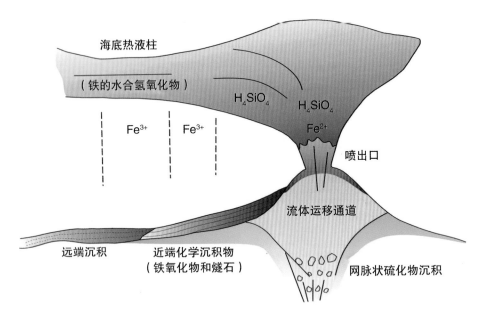

海底黑烟囱原理

海底黑烟囱

黄金到底经历了什么？

我们认为，黄金能够依靠流体，在能量的作用下沿通道发生运移。那么，金元素到底运移到什么样的场所中才能够沉淀并富集起来，它又是经历了怎样的岁月洗礼才能最终保存下来，并且形成金矿床的呢？这个过程会关联到一些重要的矿物和岩石，它们往往与金矿的形成密切相关，通过对这些矿物和岩石的研究，我们能够更好地理解黄金在成矿过程中都经历了些什么。

保存在即将消失的大海

　　黄金的储藏机理是黄金成矿理论的核心内容，也是目前学术界的一个非常前沿和重要的研究领域及方向。我们可以将黄金的"储"理解为在一定的时间、空间内，把通过流体搬运来的成矿物质富集在一起，从而形成黄金矿床的过程。

　　众所周知，我们如今所处的地球经历过沧海桑田的变化，如今的陆地在远古时代可能是海洋，反之亦然。由于某些原因，有的陆地会产生开裂，并导致了一些裂谷的出现，比如东非大裂谷。它是世界上陆地中最大的断裂带，素有"地球伤疤"之称。这条裂谷带位于非洲东部，南起赞比西河的下游谷地，向北经希雷河谷至马拉维湖北部后，分为东西两支。研究表明，东非大裂谷下陷开始于渐新世，主要断裂运动发生在中新世，大幅度错动时期从上新世一直延续到第四纪，之后它继续开裂，直到跟海洋连通，海水进入裂谷中，从而产生了新的海洋——红海。红海是一个正在不断生长的海洋，随着面积的持续扩大，红海的中间会出现一条很大的裂缝，并且会不断扩张、变得越来越大，在大到一定程度之后，海洋地壳跟陆地地壳的边界将会发生碰撞和挤压，之前存在的海洋和陆地就又会逐渐变化和消亡。由此可见，板块运动是一个周而复始的过程，斗转星移，从不以任何人的意志为转移。

知识金库

板块运动

板块运动（plate motion）是指地球表面一个板块对于另一个板块的相对运动。1968 年，法国地质学家勒皮顺把全球岩石圈分成六大板块，即太平洋板块、印度洋板块、亚欧板块、非洲板块、美洲板块和南极洲板块。所有这些板块，都漂浮在具有流动性的地幔软流层之上。随着软流层的运动，各个板块也会发生相应的水平运动。因此，无论是在大洋底下或大陆底下的岩层，都是由一块块大板块构成的，在这些大板块之间不是大洋中脊的裂口，就是几千米深的海沟或者是巨大的断层。

板块构造（plate tectonics）理论产生于 20 世纪 60 年代初期（Wilson，1965），该理论对生物地理学影响很大，很多情况下，不同地区上很多植物和动物分布，只有通过我们掌握的有关板块构造的理论才能够解释。

研究表明，黄金就保存在这个"即将消失的大海"里。保存黄金的物质正是海底的碳酸盐岩——石灰岩和白云岩，虽然它们本身并不是黄金，但是它们同样也饱经沧桑，有着丰富多彩的故事。

海底由水体中溶解的碳酸盐类物质——其成分跟日常烧水形成的水垢类似，组建结晶析出，并沉积形成非常厚的岩石，这种岩石被称为碳酸盐岩，它属于沉积岩的一种，主要包括石灰岩和白云岩两大类。石灰岩和白云岩虽然也能够溶解于水，但是它们溶解的过程相当慢，这个逐渐溶解于水的过程被叫作喀斯特作用。具体来说，喀斯特作用是指在可溶性岩石分布地区，在地表水和地下水的化学过程——溶解与沉

石灰岩

淀，以及物理过程——流水的侵蚀和沉积、重力崩塌和堆积的共同作用下，对可溶性岩石的破坏和改造作用，这种作用也导致了喀斯特地貌的产生。

中国是世界上喀斯特地貌分布面积最大的国家，几乎所有省区都有喀斯特地貌的分布，并以广西、云南、贵州等西南地区分布最为广泛。这

知识金库

石灰岩

石灰岩（Limestone）简称灰岩，按成因分类属于沉积岩，是以方解石为主要成分的碳酸盐岩。有时含有白云石、黏土矿物和碎屑矿物，有灰、灰白、灰黑、黄、浅红、褐红等色，硬度一般不大，与稀盐酸有剧烈的化学反应。

白云岩

白云岩，是一种沉积碳酸盐岩。主要由白云石组成，常混入石英、长石、方解石和黏土矿物。呈灰白色，性脆，硬度大，用铁器易划出擦痕。遇稀盐酸缓慢起泡或不起泡，外貌与石灰岩很相似。

些地区之所以溶洞众多，正是因为这个地区在中生代都是大海，形成了非常厚的石灰岩。由于降水充沛，随着流水侵蚀的方向和部位的不同，许多大小不一、形状各异、争奇斗艳的溶洞便逐渐形成，其中，最典型的莫过于桂林的漓江两岸。桂林漓江是世界自然遗产地，也是我国的5A级旅游景区和国家重点风景名胜区，同时也是世界上规模最大、风景最美的岩溶山水游览区。这里风景秀丽，洞奇石美，有"江作青罗带，山如碧玉簪"之美句的形容。其中，漓江的山水景观更是桂林山水的精华所在，漓江两岸多为姿态各异的群山，其中比较有代表性的就是九马画山和黄布倒影，为大家所熟知的新版20元人民币的背面图案就是漓江山水的景观。实际上，这些漂亮的小山峰正是岩溶作用的产物。另外，如

溶洞

桂林阳朔月亮山拱形岩溶地层

果岩溶作用发生于地下，那么便会导致溶洞的形成。溶洞是由于石灰岩被含有二氧化碳的流水所溶解、腐蚀而形成的天然洞穴。中国同样有很多奇特秀丽的溶洞，其中，现知最长的溶洞是贵州省绥阳县的双河溶洞，目前已探明长度为159.14千米。不管是上述所说的陡峭秀丽的山峰，还是奇异景观的溶洞，都属于喀斯特地貌。

碳酸盐岩是对碳酸盐类矿物组成的岩石的泛称，大海里存在着大量的碳酸盐岩，这同样也是黄金非常重要的一个保存场所。随着研究的深入，研究人员发现，很多被发现的金矿床都处在一些板块相向运动，即板块之间汇聚消亡的边界上，这些地方构造运动和岩浆活动比较活跃，岩浆向上移动形成了许多火山，火山喷发出来的物质会进入到碳酸盐岩这种沉积岩里边。因此，在形成金矿床的场所里，不光有沉积岩的存在，同时还点缀有部分岩浆活动喷发后冷凝形成的火山岩。

火山岩

"黄白双雄"里面藏

颜色发黄的黄铁矿和颜色偏白的石英是与金矿床形成密切相关的两种矿物，也可以说，黄金就喜欢藏在这"黄白双雄"里面。

我国古代的很多典籍都有相关记载。早在春秋时期，由军事家管仲创作的《管子·地数》中就已经记载了当时人们根据矿物共生组合规律来寻找金矿的成功经验："上有丹砂者，下有黄金"，意为山体表面有丹砂的存在，那么内部便会有黄金，这讲的是汞矿与金矿共生的情况；"上有磁石，下有铜金"讲的则是磁铁矿与铜多金属矿共生的情况。梁代成书的

方铅矿和黄铁矿多金属化合物

《地镜图》则记载了利用植物找矿的经验性认识："山有葱，下有银，光隐隐正白。草茎黄秀，下有铜"。这讲的正是不同植物及与之相对应的矿藏关系。

作为一种看起来与金相似度很高的矿物，黄铁矿是金最常见的共生矿物之一。那么，为什么黄金会喜欢藏身于黄铁矿之中呢？原因正在于流体在运输金的过程中遇到铁的概率比较大，而铁很容易吸引流体中的硫元素，并共同形成二硫化亚铁，也就是黄铁矿。因此，作为"光杆司令"的金，也只能勉为其难地与黄铁矿共生了。

北京周边地区便分布着不少黄铁矿。若是将那里的岩石敲开，人们便能看到金灿灿的物质，许多人乍一看会以为挖到黄金了。实际上，人们

黄铁矿

所看到的大部分矿物都是黄铁矿或者黄铜矿，而并非黄金。由于黄铁矿跟黄金相比，分布更为广泛、更加常见，因此也被叫作"愚人金"。实际上，即使是真的富含金元素的矿石，里面的黄金含量也是非常低的，甚至常常低到肉眼不可见的程度，我们平时做金条的黄金都是从矿石里一点一点提炼出来的。

前面也说过，区分黄铁矿和黄金的方法有很多。比如观察形状：黄金的形状多为不规则的，而黄铁矿往往长得非常规则，并且个头更大一些；再比如观测硬度：黄铁矿要比黄金硬得多，而黄金的质地则比较软，甚至用牙都能咬动，因此日常生活中很多人也通过这种方式来判别真假黄金；还有用火烧来检验，俗话说"真金不怕火炼"，金子在火的煅烧下并不会

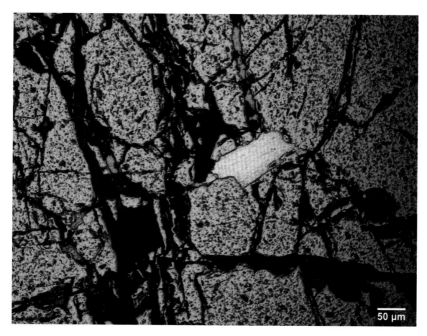

显微镜下自然金充填在黄铁矿裂隙中（胶东金矿床）

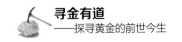

变色，而黄铁矿在经过火的煅烧之后则会呈现出黑色的外表。以上的这些方法在科学便捷的检测手段产生之前，都被人们用来辨别黄金的成色及其真伪。

研究发现，有一种特殊的黄铁矿跟黄金关联较大，那就是五角十二面体黄铁矿。这是一种相对来说比较复杂的立体几何多面体，它每个面上都是一个五边形，并且一共有十二个面，这种复杂的多面体在我们平时生活中并不太常见，因此属于非常奇特的一种外形。当某一个矿区出现了这种五角十二面体，并且是小的黄铁矿时，这个地方的矿床金含量往往也会比较高。

"黄白双雄"中的另一个"枭雄"是石英。石英是一种极为常见的矿物，也是主要的造岩矿物之一，由于太过常见，并且在常见的矿物里又是最硬的一种，所以被人们称作"石头里的英雄"，即"石英"，这是石英名字的由来。实际上，比石英还要硬的矿物还是有的，但是那些矿物都不如石英这么常见。另外，虽然我们将石英称为"黄白双雄"里的"白"，但并不是所有的石英都是白色的，它的颜色十分丰富，甚至有些石英的颜色是黑色的。

除了黄铁矿之外，石英同样也是非常重要的一种储藏金元素的矿物。研究人员在寻找黄金的时候，往往要么先找黄铁矿，要么先找石英。石英内部的金一般以浸染状的形态存在，好像油滴在布上或者纸上——从而形成一种晕染的感觉；或是像打鱼的渔网一样——以网脉或者斑点的形态存在于石英矿石中。

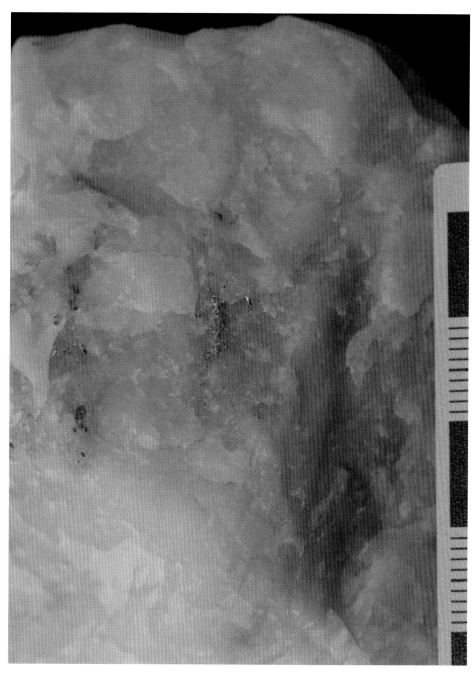

石英中的金（胶东金矿床）

石英

黄金到底什么样

　　黄金种类繁多，不胜枚举，大家所知道的天然黄金又有哪些形状呢？实际上，天然金的形状和样貌可以称得上是千姿百态，不一而足。

　　首先是岩金。岩金又叫矿金，也可称为合质金，多产于矿山。岩金大多随着地下涌出的流体运移并透过岩石的缝隙沉淀积累而成，常与石英夹在岩石的缝隙中，也就是说，常常与前文所介绍的"黄白双雄"相生相随。岩金产于不同的矿山，所含的其他金属成分也不尽相同，通常来说，其含金量一般不高，因此人们用肉眼很难观测出来。

　　其次是狗头金。在庞大的天然金家族里，狗头金可以算得上是绝对的王者。狗头金是一种富金矿石，是天然产出的、质地不纯的、颗粒大而形态不规则的块金。由于外形有些许似狗头，因此被人们称为狗头金。但也并不是所有的狗头金都一定长得像狗头，只要是质量和体积达到了一定规模，便可叫作狗头金。它通常由自然金、石英和其他矿物集合体组成，形状一般都是非常不规则的，在自然金里面外表最为光采夺目，但同时也更加稀有和罕见。

　　据有关统计资料显示，迄今为止，世界上已发现大于 10 千克的狗头金大概有 8000~10000 块，其中，拥有狗头金数量最多的国家是澳大利亚，占已发现狗头金总量的 80%，其中最大的一块重达 235.87 千克。我国同样也是发现狗头金较多的国家之一。早在北宋时期，官员、科学家沈括便在他所著的《梦溪笔谈》中写道："治平元年，常州日禺时，天有

含金石英黄铁矿脉（胶东金矿床）

大声如雷，乃一大星，几如月，见于东南……乃得一圆石，犹热，其大如拳，一头微锐，色如金，重亦如之。"这是古人关于狗头金的文字记录。由于狗头金可遇不可求，十分珍贵，因此世界各国都以拥有狗头金而感到自豪。

烟台栖霞狗头金

砂金的发现开启了淘金热的序幕。砂金是指山体中的金矿石露出地面，经过长期风吹雨打，导致岩石因风化而崩裂，金与石英矿脉分离而成的金。它伴随泥沙顺水而下，自然沉淀在石沙中，多产于河床底层，或在砂石下面沉积为含金层。因这类金多细微如砂，所以被称为砂金。砂金的特点是颗粒大小不一——大的像蚕豆，小的似细沙，形状各异；颜色也因成色高低而不同——九成以上为赤黄色，八成为淡黄色，七成为青黄色。

沙里淘金

砂金

探矿者在小溪沙中发现的金块

淘金工人在河流里取样工作

摇金器

淘金盘

我国地域辽阔，江河水系发达，山川岩洞广布，地质条件优越，具有丰富的砂金矿产资源。据不完全统计，我国目前已知的砂金矿床点高达3200多处，分布于27个省（市、自治区），几乎遍及全国各省区。相对于岩金开采的复杂艰辛，砂金的开采要简单得多，因此淘金者所淘的金也多为砂金。淘金时，人们打捞起河里或湖里的淤泥，在淘金盘里洗涤淤泥，以便找出其中的天然金。

由于黄金具有延展性高的特点，因此能被压成厚度为微米级别的薄片。经过人工处理的黄金形状是多种多样的，如金箔和各种金饰品等。纯金是非常软的，当黄金成色足够高时，只要用大头针或指甲刻划，便可产生划痕。

金饰品

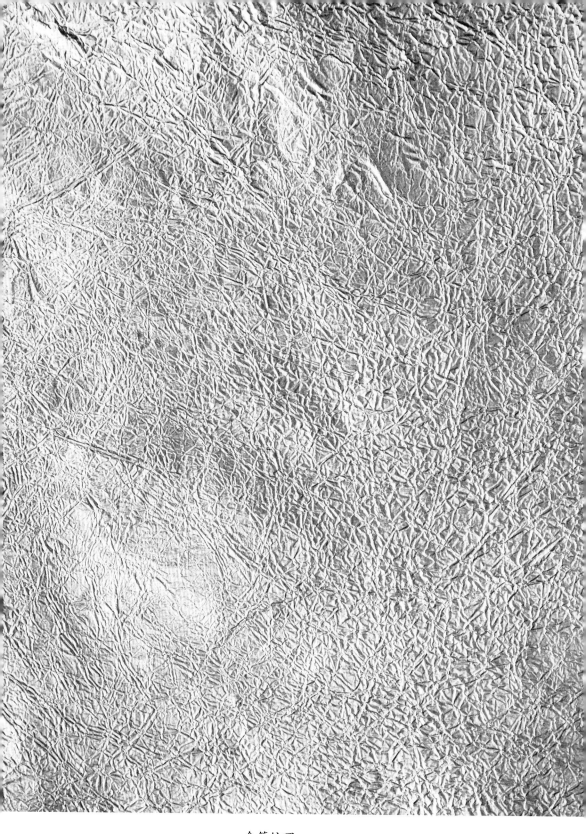

金箔纹理

不深不浅刚刚好

如同前文所述，黄金在地下富集成矿之后，并不是一成不变的，由于地壳运动、流体作用、构造运动等原因，它也会遭到破坏，或者发生矿床位置改变等情况。

这些变化还会导致一个可能——地下富集的黄金露出地表，或者是离地表很近。对于开采金矿而言，如果黄金离地表较近，只要在人类可开采的范围之内，就可以想办法创造条件，甚至直接进行露天开采。不过，目前仪器所能达到的最大地下深度为一万米左右，因此一旦黄金的埋藏深度超过这个数值，便是目前的技术无法开采的了。但这也并不是说黄金富集成矿的地点越浅越好，如果黄金埋藏得太浅，比如露出地面，这些富含黄金的矿石便很容易在日复一日的风吹日晒以及流水冲刷后被侵蚀、破坏，甚至导致其中的黄金流失殆尽。"黄金生于丽水，白银出自朱提"，穿行于川、藏、滇三省区之间的金沙江就是因为河中出现大量砂金而在宋代被改称为金沙江。河流的淘洗把露出地面的金矿石带到金沙江里，并在河道附近形成一些金矿。虽然河道附近有了金矿，但是山上原本的矿床里就没有了黄金，在河流冲刷的过程中，也会不可避免地造成黄金的损耗。

在金矿埋藏得比较深的情况下，研究人员可以通过钻孔、打矿井、使用相关仪器等方法进行勘查开采。不过如果金矿过深，那么采矿的成本便会大大增加。目前人类通过超深钻探工具所能到达的地下深度对于整个地球的深度来说非常有限。因此，就金矿的存储来说，不深不浅才是最适宜的

金沙江

状态。

　　我国山东的胶东半岛便具有这种得天独厚的自然地理条件。研究人员在胶东半岛进行勘查时发现，这里的金矿非常符合这种"不深不浅"的储存特点。也就是说，这里的成矿深度适中，表层的物质已经被逐渐侵蚀掉了，相对来说较为容易开采，并且黄金的储量非常大，这也是胶东金矿的一个极大的优势。

　　胶东半岛的金矿在最开始形成的时候就跟大陆断裂有着密切的关系，其储存成矿过程受到了从东北方向到西南方向的大陆断裂控制，这个大陆断裂就是中国东部最有名的郯庐断裂。郯庐断裂带是东亚大陆上一系列北东向巨型断裂系中的一条主干断裂带，在中国境内延伸2400多千米，穿越中国东部不同大地构造单元，从中国东北一直延伸到整个中国的华

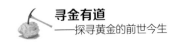

南地区，规模宏伟，结构复杂。该断裂为胶东金矿的形成提供了有利条件。

胶东金矿中所蕴含的金的形态也并不完全只有天然金，有些黄金还藏身于黄铁矿之中，或者以非常小的纳米颗粒的状态存在于矿物的裂缝当中。也就是说，金会和银以及其他物质结合在一起，除了黄铁矿以外，黄铜矿、方铅矿、闪锌矿等矿中也可能蕴藏着黄金。

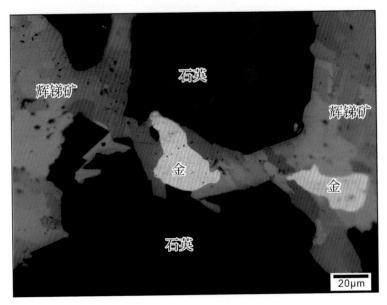

光学显微镜下自然金和辉锑矿共生

由于胶东金矿的矿床埋藏深度不深不浅刚刚好，所以在5~10千米的深度形成了很大的金矿。加之地形比较平缓，也有一小部分金矿被侵蚀，从而在附近形成了砂金矿，因此胶东地区的金矿种类并不单一。另外，胶东半岛金矿的成矿并不是一次就形成的，而是跨越了漫长的时间，从古生代到中生代，再到新生代。其中最主要的是中生代，那个时代大规模的岩浆活动带来了很多富含挥发分的流体,由于郯庐断裂的存在,这些流体就沿着这个通道往上走,一步一步地来到合适的位置,最后终于储存了下来,形成了储量很大的金矿。

胶东地区金矿勘查

莱州三山岛海上金矿勘探

总结经验找到更多金矿

———————————————— ❦ ————————————————

　　科学家寻找金矿的过程，不仅是一个不断探究成因、总结规律的过程，更是拨开迷雾、在种种成因和规律基础上，不断进行理论升华，同时坚持动态发展理念，不断凝练指导思想的过程。通过持续的实践探索以及理论探究，沿着金矿的源头、运移过程、储存过程、变化过程、沉积保存过程（"源—运—储—变—保"）等关键环节，不断抽丝剥茧，逐渐探寻和接近科学的真相。

按照指导思想去找矿

为什么研究人员要对黄金的"源—运—储—变—保"等各个环节做大量分析研究？为什么研究人员要不断去总结这些理论？原因在于，只有通过大量实践和理论研究，才能对黄金的成矿机理有更多准确客观的理解，这样才能不断提高科学预测找矿的能力，从而更快、更准地为祖国找到更多的矿藏。研究人员在致力于寻找金矿的时候，不是仅仅只盯着现在，而更要考虑过去，也要仔细分析将来。物质是不断发展变化的，要用动态以及发展的观念去思考和解决问题，要树立整体观和系统观，而不能仅仅被眼前的现象，甚至是假象所束缚。只有将科学的世界观与方法论相结合，才能更好地理解金矿是如何产生的、又是如何发展的，以及应该坚持什么样的指导思想去寻找金矿。

具体地讲，成矿系统是指在一定的时空领域中，控制矿床形成和保存的全部地质要素和动力过程，以及所形成的矿床系列、异常系列构成的整体，也就是具有成矿功能的自然系统。我们知道，地球的运动和变化经历了数十亿年的光阴，发生了沧海桑田、翻天覆地的变化，面对这种异常复杂的情况，只有高屋建瓴，把矿物形成的前世今生高度提炼，并且整合到广义的层面来进行系统分析和研究，充分体现与矿床形成有关的物质、运动、时间、空间，把握形成、演变的整体观与历史观，才有可能突破错综复杂的现象与迷雾，最终探寻到问题的本质。这是一个日益受到重视和应用的成矿学基本观点，这种思路和方法是得到实践检验的成功路径之一，这也充分体现了现代矿床学向系统化、全球化发展的一种前沿趋势，同时也在一定程度上为其他领域的科学研究提供了思想和方法论上的借鉴意义。

沉积岩层状露头

海蚀景观

如前文所述，翟裕生院士的成矿系统理论主要包括五个要素，即"源、运、储、变、保"。其中，"源"主要是指矿质、流体、能量等的来源，这是矿床形成的物质基础；"运"主要是指携带矿质的成矿流体沿一定通道，最终运移到矿床定位场所的迁移过程；"储"主要是指在一定地质时空域中，成矿富集形成矿床的过程和机理；"变"主要是指矿床形成后，随着其所在环境的不断变化，已有矿床随之而发生的种种变化，主要包括形态、产状和物质组分的变化与改造；最后，经历了沧海桑田的不断变迁，一部分矿床被保存下来，这也就是最后的"保"，而与此同时，还有一部分矿床在地壳运动中已经被破坏消失。所以，"源、运、储、变、保"这5个字清晰明了地反映了矿床的形成、变化以及保存的来龙去脉，因此可以作为对黄金形成过程研究的一条主线。

一旦有了科学的成矿系统理论，研究人员就能以此为指导，依据一定的规则，把地球划分为不同的区域，对于其中符合条件的区域进行优先考虑和探测，这样的方法可以使矿产资源普查工作更加有重点、有目的，因而效率会更高。不过我们也必须明确一点：金矿所在区域不同，分析研究的方法也不同，应根据实际情况因地制宜去分析，但不论是在荒原，还是在大海，我们都可以大胆假设，小心求证，积极按照指导思想去开展工作。

同时，我们也必须明白一个道理：一切绝对都是相对而言的，没有绝对的真理一说。就如同"金无足赤，人无完人"一样，所有的理论都不是绝对的真理，不同的历史时期、不同的环境条件下，即使是得到公认的理论也可能存在"瑕疵"。即便是像万有引力这样的经典力学理论，在

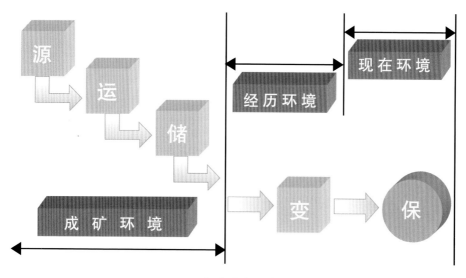

成矿系统理论

爱因斯坦看来，同样也是具有小瑕疵的，这个小瑕疵甚至最后改变了这种理论的发展轨迹。也正是因为这样的瑕疵，才使人类通过相对论发现了宇宙深处的更多奥秘。成矿系统理论也是如此，随着时代的发展，它也需要不断地被修正和向前发展。相对大部分假设都是理想状态下的物理世界来说，地球是一个更加错综复杂并且时刻变化的系统。因此，成矿系统理论只能是透过现象看本质，甚至是站到哲学的高度，去还原和解析成矿的过程和机理，如果落实到具体细节和现实，可能很多金矿的实际情况会存在不符合理论的部分，有些甚至会跟原理论产生矛盾和对立，这是我们生活地球的复杂性的最好例证，同时也是科学家们重要的工作内容——要对理论进行不断完善，不断发展，并且要不断在实践中运用、验证和调整，之后再通过总结提升、形成新的理性认识，带来新的理论，从而为生产工作提供更为准确的科学依据。

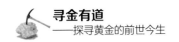

 知识金库

多种多样的金

¥ 足金

足金是黄金的一种，含金量不少于99％，颜色为深黄色，俗称二个九，有一定的回收、收藏和储值的价值。

¥ K金

K金或开金，是黄金与其他金属熔合而成的合金。其特点是用金量少、成本低，可配制成各种颜色，且提高了硬度，不易变形和磨损。K金按含金量多少又分为24K金、18K金等。

¥ 彩金

彩金又称彩色金，就是K金添加某种贵金属，变成不同的颜色，即紫红、红、粉红、橙、绿、蓝、褐及黑色的K金。彩金一般为18K金，颜色越是奇特，如黑色、蓝色，其价格越是昂贵。

¥ 镀金

镀金指在金属基体表面镀上一层金膜，一般厚度为10微米以上，金属基体多为铜、银、锌、镍及其合金。其特点是金层极薄，镀制方便，成本很低，有一定的装饰效果，但金层易磨损脱落。

¥ 包金

包金是通过机械碾压和高温熔接，将较薄的金或K金金箔包在银或其他金属胎体表面的方法。通俗来讲，就是把金箔当做礼品包装纸包在金属胎体之外，通常，内部的金属胎体并不是黄金，而是铜、铝、锌等合金材料。

> ¥ 3D 硬金
>
> 　　3D 硬金是一种黄金制作的特殊工艺，主要以"电铸"模式生产而成，通过对电铸液中的黄金含量、PH 值、工作温度、有机光剂含量和搅动速度等进行改良，从而提升黄金的硬度及耐磨性，解决了现有黄金饰品体积小、重量大、硬度低、造型缺乏新意的缺点。3D 硬金的硬度是传统足金的 4 倍，具有高耐磨性，但在价格方面，相同克重的 3D 硬金约比传统足金贵一倍。

找金矿不外乎这些方法

　　由于金矿床是在地壳长期发展的过程中逐渐形成的，因此其分布情况很不均匀。而研究人员的观察却不得不受到时间和空间的限制：他们只能看到现代的某些成矿作用，而不能直接观察到过去地质时代中的成矿作用；只能观察成矿作用的某一片段，而不能观察到成矿作用的全过程；只能观察地表和地壳浅部的矿床特征，而很难观察地壳深处的成矿特征。由于这种观察的局限性，很容易导致研究人员认识的片面性。因此，为了对矿床成因获得较为全面并且正确的认识，研究人员必须全面综合地观察各种地质矿化现象，掌握大量的一手资料，对矿床进行具体研究分析、比较和综合，同时，必须要与找矿、勘探和采矿生产实践紧密结合，使之成为实践、认识、再实践、再认识的反复循环、不断提高的过程。勘查和采矿过程，类似于医学上的"临床解剖"，是进行全面、深入观察与研究矿床的最理想场所。

甘肃金矿床作业

甘肃金矿床地质填图

随着金矿勘查工作的深入进展和众多地质工作者多年的不懈努力，存在于地球相对浅层的、易于被人类发现的金矿已经基本都被找到，虽然这对于寻金工作来说是很大的进展，但同时，这也意味着今后的找矿难度只会越来越大，下一步需要广大的地质工作者"攻深找盲"，进一步向地球更深部进军，去海域找矿，去地球深部找矿，相应地，也会有更多的科学难题等待我们去攻克。因此，加强科研力量和手段，真正实现科技高水平自立自强是当前的首要目标。

如今，研究人员寻找金矿的方法有很多，具体来说，常用的有以下几种：

一是黄金快速测定法和野外金矿分析评价方法。虽然研究人员能够圈定出一定的区域，但由于人力、物力以及科技水平的限制，研究人员必须要找到一些关键点去取样检测，并使用工程钻探取样，以便对地下岩石的化学元素进行精密测定。如果样本中的金含量比较高，或者是一些指示性物质的含量比较高，那么对该区域的整体情况分析将会很有帮助。这项工作涉及很多地质工程方面的内容，特别是在深部找矿的大趋势下，必须要有足够的技术力量投入才能更好地实现。

二是就矿找矿法。研究人员可以根据矿物共生组合规律开展找矿活动，通过和金相伴相生的矿物来找金矿，这是从古至今寻找金矿时都会使用到的方法。例如，前面所说的"黄白双雄"中的"黄"——黄铁矿、"白"——石英，这些矿物就和金矿存在着紧密的联系。此外，一些含有铜和镍等元素的硫化物也不可小觑，这些物质对于寻找金矿同样会有一定的帮助。

金与石英矿脉

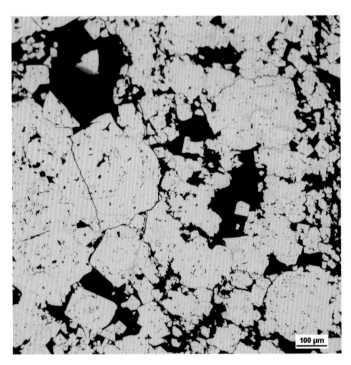

反射光显微镜下的黄铁矿（甘肃金矿床）

三是地球化学探矿方法。在一些运用传统找矿方法并未取得效果的地区，通过验证该区域的地球化学情况异常，也有助于发现金矿。例如，内蒙古大桦背金矿、贵州烂泥沟金矿、陕西双王金矿、四川噶拉金矿和马脑壳金矿等，这些金矿都是通过地球化学探矿的方法找到的。

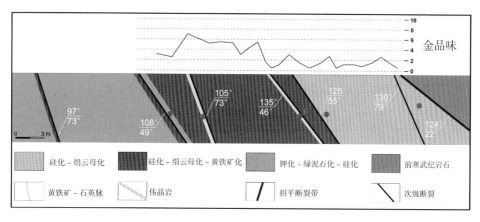

胶东金矿床金地球化学异常图

四是地球物理的探矿方法。除了以上的几种找矿方法之外，研究人员还可以通过金的一些独特的物理属性来找金矿。比如，研究人员可以用地球物理的方法去探测一个区域的重力是否发生了异常？该地区的磁场有没有异常？会不会对地热有影响？通过观测电极放电、电场变化等因素，可以反映一些构造情况，也会有助于研究人员寻找金矿。上述这些寻找金矿的方法也是研究人员在实际状况中最常用、最实用的一些方法。

随着科技的进步和研究的不断深入，现在和今后寻找金矿将会结合地球物理、地球化学、地质工程、机器学习、人工智能等多种高科技方法和手段，多管齐下。所谓寻金有道，这里的"道"，不仅仅是相对成熟的科学知识，更重要的是指坚持整体观与系统观的科学思想，坚持将今

地球物理方法应用于黄金勘探

甘肃金矿床钻孔岩心

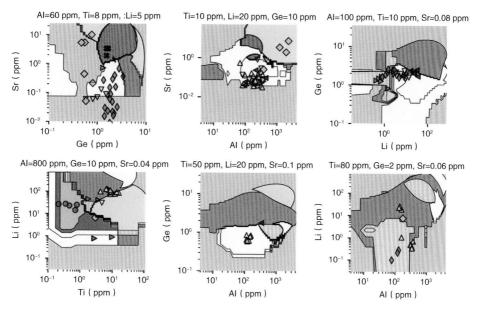

机器学习应用于金矿勘查

论古、动态发展的科学方法，以及坚持孜孜不倦、追求真理的科学精神，这才是科学研究的"正道"。

实际上，我国的黄金勘查开发之路异常艰辛，尤其是 20 世纪 80 年代以前，进展极为缓慢，当时的国务院为此还专门成立了全国黄金地质工作领导小组，打破部门界限、发动全国地质战线参与找金矿。经过几代地质人的共同努力，特别是党的十八大以来，我国的黄金工业更是以地质科研为引领，步入了发展的快车道，也迎来了新的辉煌。

随着高新技术和产业的大发展，黄金作为关键金属矿产资源处于重要的战略地位，未来的供需矛盾仍然非常突出。"十四五"规划明确提出要实施《新一轮找矿突破战略行动》，深化金矿成因、成矿动力学及区域成矿规律的认识，加快理论技术创新，提高金矿找矿的科学预测能力，已经

成为一项迫在眉睫的重大战略任务，这需要全社会的共同关注和不懈努力。

地质报国，是地质工作者在为祖国寻金过程中的价值引领和精神支持。为祖国的发展贡献属于自己的一份力量，把论文写在祖国的山川大地之上，是每个地质工作者的奋斗目标。奋斗是最生动的报国，奉献是最可贵的报国。时代在变化，唯不变的是探索。无数地质工作者在时代的征途中开衫拓荒，逐光前行，只愿将知识化作力量，让祖国变得更加富强。奋斗之魂，生生不息，"科研寻金人"们用刚毅如铁的工作信念和坚韧不拔的地质精神，赓续了爱国奉献的红色基因，书写了俯仰无愧的报国华章。

 寻金故事

创新谱华章
——赵鹏大院士的寻金故事

中国科学院院士、前中国地质大学校长赵鹏大也是一位"寻金人"。赵院士在中国首创了数学地质学研究，系统研究矿床勘探中数学模型的应用问题。他认为，随着社会经济和生产的发展，必然要求对矿产资源进行更为精确的定量评价，例如确定发现新矿床的概率。而科技的发展，特别是数据获取和分析处理技术的发展，为地学的定量研究提供了客观条件。他把找矿勘探地质学的任务确定为分析成矿地质条件、圈定成矿远景区域、研究地质体变异特征、查明矿床形成和分布规律等要素，运用定量研究、相似类比与求异出新、多维性与非线性思维等思维方法和科研思路，在矿床统计预测研究方面取得了丰硕的成果。

赵鹏大院士常说：地质学充满了辩证法。他在"矿床统计预测"理论体系中，把相似类比和求异思维作为指导工作的基本理论之一。他每到一个矿区，不仅先要搞清楚有什么有利的成矿条件，而且要同时搞清楚有什么不利成矿的因素，不仅要搞清楚为什么能形成大型矿，还要搞清楚为什么不能形成大型矿。他认为，做事情不能因循守旧、墨守成规，不能把过去的观念和规定看作金科玉律，创新是科学研究的灵魂，必须把长期的实践经验和知识积累转化为创新能力和意识。

1990年夏，年近花甲的赵院士曾经为科技攻关课题研究，不顾劝阻，带着同事和学生深入新疆罗布泊地区进行野外勘探，风餐露宿，历尽艰辛。白天，他带上一壶水和一点干粮，便风尘仆仆地出发去进行地质勘探，到了正午，罗布泊地区的温度甚至高达50多度，毒辣的阳光四射在皮肤上，让人感到异常难受，而一望无际的沙漠更是很容易让人迷路。然而，无论前方的困难有多大，赵院士始终和学生们一道前进，运用地质异常理论和矿床统计预测方法，最终在新疆北山地区发现两条铜镍硫化物远景成矿带，还在东准噶尔发现一条金矿带。

丹心未泯创新愿，白发犹残求是辉。赵鹏大院士在开展研究时，绝不墨守成规，既借鉴过去的传统方法，又以全新的思维方法，全方位、动态、多维地研究问题，他带领团队通过努力，为国家开展矿产资源定量预测做出了巨大的贡献。

参考文献

[1] 行游考古工作室.最古老的黄金 [EB/OL].（2019-04-18）[2021-8-13]. https://mp.weixin.qq.com/s/2gaVZ7MCUqKcdjvs7woNjg.

[2] 郑恩红，宿东.空间引力波探测"太极二号"双星计划启动 [N/OL].中国航天报，2020-09-23[2021-04-30].http://211.100.197.201:8081/htb/2020-09/23/content_35813.html.

[3] 林小春，王珏玢，彭茜.人类发现双中子星碰撞出的引力波 中国做出重要贡献. [EB/OL](2017-7-16)[2021-04-30]. https://baijiahao.baidu.com/s?id=1581487437998092550&wfr=spider&for=pc.

[4] 陈咪咪，田伟，潘文庆.新疆西克尔碧玄岩中的地幔橄榄岩包体 [J].岩石学报，2008，24(04):681-688.

[5] 黄定华.普通地质学 [M].北京：高等教育出版社，2004:62.

[6] 梁光河.谁把郯庐断裂带切成 3 段 [EB/OL].(2021-03-07)[2021-08-12]. https://mp.weixin.qq.com/s/XGQDRQul8nfZxf6tb9cp1g.

[7] 周存忠.地震词典 [M].上海：上海辞书出版社，1991:146-147.

[8] 邓绥林.地学辞典 [M].石家庄：河北教育出版社，1992:32-33.

[9] 舒良树.普通地质学 [M].3 版.北京：地质出版社，2010.

[10] 赵克让.地苑赤子：中国地质大学院士传略 [M].中国地质大学出版社，2001.

[11] 朱训.我的七十年 [M].北京：中国文史出版社，2020.

[12] 马劲.我科学家发现有史以来最强超新星爆发 [EB/OL].济南时报，2020-12-25[2021-08-30]. http://www.xinhuanet.com//world/2016-01/16/c_128635126.htm.

[13] 张晓园.胶东地区成为世界第三大金矿区，是我国最大黄金生产基地 [EB/OL].人民网，2016-01-16[2021-08-30]. https://baijiahao.baidu.com/s?id=1687014815739441541&wfr=spider&for=pc.

[14] 杜郑敏.重磅！胶东地区成为世界第三大金矿区 新增金资源储量近三千吨. [EB/OL](2017-7-16)[2021-04-30]. https://baijiahao.baidu.com/s?id=1687014815739441541&wfr=spider&for=pc.

[15] Purcell S. Radiocarbon Dating: Applications of Accelerator Mass Spectrometry[J]. Berkeley Scientific Journal, 2013, 17(2).

[16] Baker E, Beaudoin Y. Deep Sea Minerals: Sea-Floor Massive Sulphides, a Physical, Biological, Environmental, and Technical Review[J]. Secretariat of the Pacific Community and GRID-Arendal, Suva, Fiji, 2013.

[17] 翟裕生.试论矿床成因的基本模型 [J].地学前缘，2014，21(1):1-8.

[18] 杨立强，邓军，王中亮，等.胶东中生代金成矿系统 [J].岩石学报，2014(9):21.

[19] 李生.四川锦屏山地区金矿矿源层及成矿模式 [J].沉积与特提斯地质，2001，21(3):48-59.

[20] 王继广，李静，李庆平，等.鲁西地区绿岩带型金矿及其矿源层探讨 [J].地质学报，2013，87(7):994-1002.

[21] 王亮，龙超林，刘义.黔西南隐伏岩体圈定与金矿物源探讨 [J].现代地质，2015，29(3):702-712.

[22] 阎立伟，姚玉增.金矿"矿源层（岩）"研究进展 [J].地质与资源，2004(04):62-65.

[23] 真允庆.论金矿床的矿源层问题 [J].地质与勘探，1989:1-8.

[24] 吴凤萍，丁正江，李国华，等.胶东金矿分类的研究现状与自然分类探讨 [J].山东国土资源，2018，34(10):15-23.

[25] 刘连登，陈国华，吴国学，等.中国金矿地质研究与评述——为贺庆《黄金》创刊 20 周年而作 [J].黄金，2000(1):3-18.

[26] 李洪奎，李逸凡，梁太涛，等.山东胶东型金矿的概念及其特征 [J].黄金科学技术，2017，25(1):1-8.

[27] 杨立强，邓军，葛良胜，等.胶东金矿成矿时代和矿床成因研究述评 [J].自然科学进展，2006，16(7):797-802.

[28] 宋明春，宋英昕，丁正江，等.胶东金矿床：基本特征和主要争议 [J].黄金科学技术，2018，26(4):17.

[29] 宋明春.胶东金矿深部找矿主要成果和关键理论技术进展 [J].地质通报，2015，34(9):1758-1771.

[30] 于学峰，宋明春，李大鹏，等．山东金矿找矿突破进展与前景 [J]．地质学报，2016，90(10)：16．

[31] 孙晨．有一种特殊的中子星，叫做脉冲星，未来宇宙飞船的导航就靠它 [EB/OL]．(2020-04-22)[2021-08-24]．https://baijiahao.baidu.com/s?id=1664638572699794731&wfr=spider&for=pc．

[32] 韩明安．新语词大词典 [M]．哈尔滨：黑龙江人民出版社，1991．

[33] 刘明亮．现代脉冲计量 [M]．北京：科学出版社，2010．

[34] 文兴吾．现代科学技术概论 [M]．成都：四川人民出版社，2007.9：124-126．

[35] 总编委会．中国大百科全书 [M]．北京：中国大百科全书出版社，2009．

[36] 刘宝和．中国石油勘探开发百科全书开发卷 [M]．北京：石油工业出版社，2008．

[37] 袁正光．现代科学技术知识辞典：试行本 [M]．北京：科学出版社，1994：340．

[38] 胡豫生．新世纪少年百科知识博览天地自然 [M]．乌鲁木齐：新疆人民出版社，2012．

[39] 蔡怀新，李洪芳，梁励芬，等．基础物理学上册 [M]．北京：高等教育出版社，2003，07：161．

[40] GoldsteinRH，JamesT．成岩矿物中的流体包裹体 [M]．北京：石油工业出版社，2015，09．

[41] 魏民，刘红光，王学平，等．中国砂金矿床吨位－品位模型 [J]．地质科技情报，2000，19(2)：43-44．

[42] Pirajno F, Yu HC. Cycles of hydrothermal activity, precipitation of chemical sediments, with special reference to Algoma-type BIF[J]. Gondwana Research, 2021.

[43] Deng J, Wang C, Bagas L, et al. Cretaceous-Cenozoic tectonic history of the Jiaojia Fault and gold mineralization in the Jiaodong Peninsula, China: constraints from zircon U - Pb, illite K-Ar, and apatite fission track thermochronometry[J]. Mineralium Deposita, 2015, 50(8): 987-1006.

[44] Li L, Santosh M, Li SR. The 'Jiaodong type' gold deposits:

characteristics, origin and prospecting[J]. Ore Geology Reviews, 2015, 65: 589-611.

[45] Qiu K, Goldfarb R J, Deng J, et al. Gold deposits of the Jiaodong Peninsula, eastern China[J]. SEG Spec. Publ, 2020, 23: 753-773.

[46] Deng J, Wang Q, Santosh M, et al. Remobilization of metasomatized mantle lithosphere: a new model for the Jiaodong gold province, eastern China[J]. Mineralium Deposita, 2020, 55(2): 257-274.

[47] Zhai M, Fan H, Yang J, et al. Large-scale cluster of gold deposits in east Shandong: anorogenic metallogenesis[J]. Earth Science Frontiers, 2004, 11(1): 85-98.

[48] 翟裕生，姚书振，蔡克勤. 矿床学 [M]. 3 版. 北京: 地质出版社，2011.

[49] Zhou TH, Goldfarb RJ, Phillips GN. Tectonics and distribution of gold deposits in China: an overview[J]. Mineralium Deposita, 2002, 37: 249-282.

[50] Zhou TH, Lü GX. Tectonics, granitoids and mesozoic gold deposits in East Shandong, China[J]. Ore Geology Reviews, 2000, 16(1-2): 71-90.